AutoCAD 2020
机械设计课堂实录

邢　蕾　姜东华　邱新伟　主　编

清华大学出版社

北京

内 容 简 介

本书以 AutoCAD 软件为载体，以知识应用为中心，对 AutoCAD 绘图知识进行了全面阐述。书中每个案例都给出了详细的操作步骤，同时还对操作过程中的设计技巧进行了描述。

全书分 3 篇共 11 章，遵循由浅入深、循序渐进的思路，依次对机械设计入门知识、利用辅助功能绘制图纸、绘制与编辑二维机械图形、图层与图块的应用、文本与表格的应用、尺寸标注的应用、三维机械模型的创建与编辑进行了详细讲解。通过绘制常用机械零件图形以及三维模型多个实操案例，对前面所学的知识进行了综合应用，以实现举一反三、学以致用的目的。

本书结构合理，思路清晰，内容丰富，语言简练，解说详略得当，既有鲜明的基础性，也有很强的实用性。

本书既可作为高等院校相关专业的教学用书，又可作为机械设计爱好者的学习用书。同时，也可作为社会各类 AutoCAD 软件培训班的首选教材。

图书在版编目(CIP)数据

AutoCAD 2020机械设计课堂实录 / 邢蕾，姜东华，邱新伟主编. —北京：清华大学出版社，2020.9
ISBN 978-7-302-56287-0

Ⅰ.①A… Ⅱ.①邢… ②姜… ③邱… Ⅲ.①机械设计—计算机辅助设计—AutoCAD软件 Ⅳ.①TH122

中国版本图书馆CIP数据核字（2020）第153470号

责任编辑： 李玉茹
封面设计： 杨玉兰
责任校对： 周剑云
责任印制： 宋 林
出版发行： 清华大学出版社
      网 址：http://www.tup.com.cn，http://www.wqbook.com
      地 址：北京清华大学学研大厦A座   邮 编：100084
      社 总 机：010-62770175   邮 购：010-62786544
      投稿与读者服务：010-62776969，c-service@tup.tsinghua.edu.cn
      质量反馈：010-62772015，zhiliang@tup.tsinghua.edu.cn
印 装 者： 北京国马印刷厂
经 销： 全国新华书店
开 本： 200mm×260mm   印 张：15.25   字 数：369千字
版 次： 2020年10月第1版   印 次：2020年10月第1次印刷
定 价： 59.00 元

产品编号：089592-01

序 言

数字艺术设计是指通过数字化手段和数字工具实现创意和艺术创作的全新职业技能，全面应用于文化创意、新闻出版、艺术设计等相关领域，并覆盖移动互联网应用、传媒娱乐、制造业、建筑业、电子商务等行业。

ACAA意为联合数字创意和设计相关领域的国际厂商、龙头企业、专业机构和院校，为数字创意领域人才培养提供最前沿的国际技术资源和支持，是中国教育发展战略学会教育认证专业委员会常务理事单位。

ACAA二十年来始终致力于数字创意领域，在国内率先制定数字创意领域数字艺术设计技能等级标准，填补该领域空白，依据职业教育国际合作项目成立"设计类专业国际化课改办公室"，积极参与"学历证书+若干职业技能等级证书"相关工作，目前是Autodesk中国教育管理中心。

ACAA在数字创意相关领域具有显著的品牌辨识度和影响力，并享有独立的自主知识产权，先后为Apple、Adobe、Autodesk、Sun、Redhat、Unity、Corel等国际软件公司提供认证考试和教育培训标准化方案，经过二十年市场检验，获得了充分肯定。

二十年来，通过ACAA数字艺术设计培训和认证的学员，有些已成功创业，有些成为企业骨干力量。众多考生通过ACAA数字艺术设计师资格，或实现入职，或实现加薪、升职，企业还可以通过高级设计师资格完成资质备案，来提升企业竞标成功率。

ACAA系列教材旨在为院校和学习者提供更为科学、严谨的学习资源，我们致力于把最前沿的技术和最实用的职业技能评测方案提供给院校和学习者，促进院校教学改革，提升教学质量，助力产教融合，帮助学习者掌握新技能，强化职业竞争力，助推学习者的职业发展。

ACAA教育/Autodesk中国教育管理中心

（设计类专业国际化课改办公室）

主任：王 东

前　言

本书内容概要

  AutoCAD 是一款功能强大的辅助设计软件，它具备二维、三维图形的绘制与编辑功能，对图形进行尺寸标注、文本注释以及协同设计、图纸管理等功能，被广泛应用于机械、建筑、电子、航天、石油、化工、地质等领域。为了能让读者在短时间内掌握 AutoCAD 机械设计技能，我们组织教学一线的设计人员及高校教师共同编写了此书。全书共 11 章，遵循由局部到整体、由理论到实践的写作原则，对 AutoCAD 软件进行了全方位的阐述，各篇章的知识介绍如下。

篇	章节	内容概述
学习准备篇	第 1 章	主要讲解了 AutoCAD 软件的机械制图知识、基本入门操作、AutoCAD 与其他设计软件间的协作应用等。
理论知识篇	第 2～9 章	主要讲解了绘图前的准备工作、二维图形的绘制与编辑、图块的应用、文本与表格的应用、尺寸标注的应用、创建三维模型、编辑三维模型等。
综合实战篇	第 10～11 章	主要讲解了机械零件、三维机械模型的绘制方法与设计技巧。

系列图书一览

本系列图书既注重单个软件的实操应用，又看重多个软件的协同办公，以"理论＋实操"为创作模式，向读者全面阐述了各软件在设计领域中的强大功能。在讲解过程中，结合各领域的实际应用，对相关的行业知识进行了深度剖析，以辅助读者完成各种类型的设计工作。正所谓要"授人以渔"，读者不仅可以掌握这些设计软件的使用方法，还能利用它独立完成作品的创作。本系列图书包含以下图书作品：

★《AutoCAD 2020 辅助绘图课堂实录（标准版）》
★《AutoCAD 2020 室内设计课堂实录》
★《AutoCAD 2020 园林景观设计课堂实录》
★《AutoCAD 2020 机械设计课堂实录》
★《AutoCAD 2020 建筑设计课堂实录》
★《3ds Max 建模课堂实录》
★《3ds Max+Vray 室内效果图制作课堂实录》
★《3ds Max 材质 / 灯光 / 渲染效果表现课堂实录》
★《草图大师 SketchUp 课堂实录》
★《AutoCAD+SketchUp 园林景观效果表现课堂实录》
★《AutoCAD+3ds Max+Photoshop 室内效果表现课堂实录》

配套资源获取方式

本书由佳木斯大学的邢蕾、姜东华、邱新伟编写。其中邢蕾写作第 1~3 和 5~6 章，杜佳楠编写第 4 章，姜东华写作第 7~8 章，邱新伟写作第 9~10 章，李亚芹编写第 11 章。在写作过程中始终坚持严谨细致的态度、力求精益求精。但由于时间有限，书中疏漏之处在所难免，希望读者批评指正。

本书配有素材、视频、课件。请扫描二维码获取：

素材二维码　　　　　视频二维码　　　　　课件二维码

目录

第 3 章

绘制二维机械图形

第4章
编辑二维机械图形

第5章
图层与图块的应用

目录

第 6 章
文本与表格的应用

第 7 章
尺寸标注的应用

第 8 章
创建三维机械模型

第 9 章
编辑三维机械实体

目录

IX

第 10 章

绘制常用机械零件图形

第 11 章

创建常见机械模型

AutoCAD 2020 机械设计课堂实录

第 1 章

机械设计入门必备知识

内容导读

　　AutoCAD 是一款专业的绘图软件，使用该软件不仅能够将设计方案用规范美观的图纸表达出来，而且能够有效地帮助设计人员提高设计水平及工作效率，从而解决了传统手工绘图存在的效率低、绘图准确度差及劳动强度大的缺点，便于及时进行必要的调整和修改。

　　本章主要介绍机械制图基本知识、AutoCAD 制图的特点和 AutoCAD 2020 软件的操作界面、图形文件的操作以及机械制图辅助软件的相关知识。通过对本章内容的学习，读者可以对 AutoCAD 2020 有一个初步的了解，为今后的深入学习奠定良好的基础。

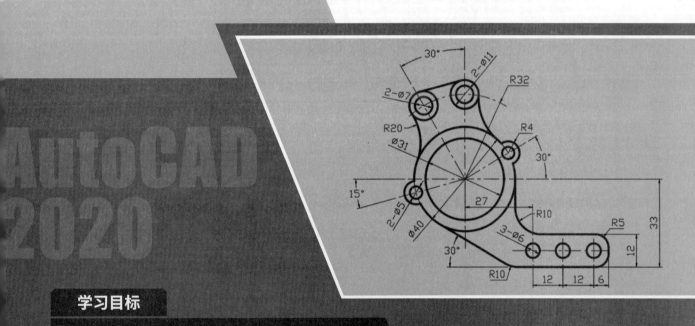

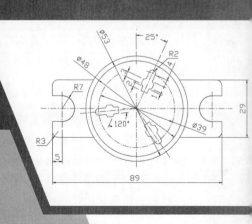

学习目标

» 了解机械制图基本知识

» 认识 AutoCAD 2020 工作界面

» 掌握图形文件的操作

» 了解机械制图辅助软件

机械制图是机械工程语言，用图样表示机械产品的结构形状、大小、工作原理和技术要求，是机械设计与机械制造的基础。

用户只有熟练地掌握 AutoCAD 的操作技巧，了解并掌握机械设计方面的专业知识，才能快捷、准确地绘制出符合行业规范和标准的工程图纸，如图 1-1 所示。

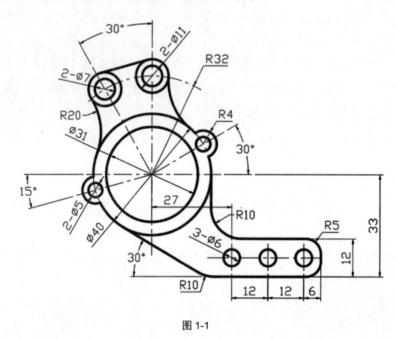

图 1-1

下面将介绍机械制图的基本知识。

1. 基本视图

物体向 6 个基本投影面(物体在立方体的中心，投影到前后左右上下 6 个方向)投影所得的视图是：顶视图、后视图、左视图、右视图、前视图、底视图。

2. 剖面图

为了了解内部结构及相关参数，有时候需要对物体进行剖切，剖切所得的视图为剖面图。

3. 尺寸标注

零件图上的尺寸是制造零件时加工和检验的依据。因此，零件图上的尺寸标注除正确、完整、清晰外，还应尽可能合理，使标注的尺寸满足设计要求和便于加工测量。

4. 公差和形位公差

如果要使零件制造加工的尺寸绝对准确，实际上是做不到的。但是为了保证零件的互换性，设计时根据零件的使用要求而制定的允许尺寸的变动量，称为尺寸公差，简称公差。公差的数值愈小，即允许误差的变动范围越小，则越难加工。

经过加工的零件表面，不仅有尺寸误差，还有形状和位置误差。这些误差不但降低了零件的精度，同时也会影响使用性能。因此，国家标准规定了零件表面的形状和位置公差，简称形位公差。

5. 粗糙度符号

表面粗糙度是一种微观几何形状误差，是指零件加工表面上具有较小间距和峰谷所组成的微观几何形状特性，表面粗糙度数值的大小，直接影响零件的配合性质、疲劳强度、耐磨性、抗腐蚀性以及密封性。

表面粗糙度符号应标注在图样的轮廓线、尺寸界限或其延长线上，必要时可标注在指引线上。

6. 其他技术要求

零件图中除了对零件制造提出尺寸公差、表面粗糙度、形状和位置公差等技术要求外，还有零件的材料、表面硬度以及热处理等方面的要求。

1.2 AutoCAD 辅助绘图入门

AutoCAD 是 Autodesk 公司开发的一款绘图软件，也是目前市场上使用率极高的辅助设计软件，被广泛应用于建筑、机械、电子、服装、化工及室内设计等工程设计领域。它可以轻松地帮助用户实现数据设计、图形绘制等多项功能，从而极大地提高了设计人员的工作效率，并成为广大工程设计人员的必备工具。

1.2.1 AutoCAD 制图的特点

应用 AutoCAD 软件绘制工程图已成为设计人员必须具备的基本素质和就业条件。利用 AutoCAD 绘制机械图形的优势如下。

1. 强大的二维绘图功能

AutoCAD 提供了一系列二维绘图命令，用户可以方便地用各种命令绘制二维基本图形，如点、线、圆、圆弧、多段线、椭圆、正多边形等。也可以对指定的封闭区域填充图案，如剖面线、涂黑、砖、砂石、渐变色填充等。

2. 灵活的图形编辑功能

AutoCAD 软件为用户提供了很强的图形编辑和修改功能，如移动、旋转、复制、镜像、缩放等操作命令，用户可以灵活地对选定图形进行编辑和修改。如图 1-2 所示为利用二维绘图命令和编辑命令绘制的零件剖面图形。

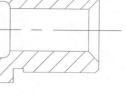

图 1-2

3. 逼真的实体模型功能

AutoCAD 软件提供了许多三维绘图命令，如创建长方体、圆柱体、球、圆锥、圆环等操作命令，以及三维网格、旋转网格等网格模型。也可以将平面图形进行旋转和平移来生成三维模型，通过对模型进行"并集""差集""交集"等布尔运算，可以生成更复杂的模型，如图 1-3 所示是利用 AutoCAD 三维建模功能创建的实体模型。

4. 标注和添加文字的零件图

利用 AutoCAD 软件提供的尺寸标注和添加文字功能，用户可以定义尺寸标注和文字样式，为绘制的图形添加标注尺寸、公差、几何形状以及文字等。图 1-4 是一个标注了尺寸和添加了文字的零件图。

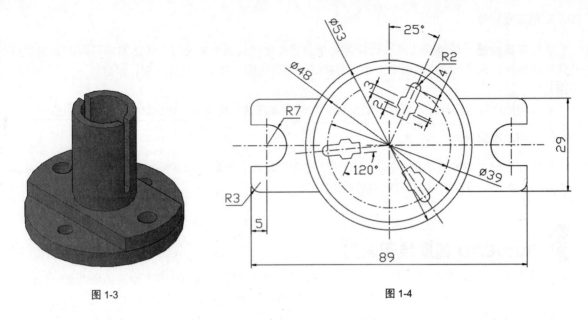

图 1-3   图 1-4

5. 显示控制功能

AutoCAD 提供了多种方法来控制图形的显示。缩放视图可以改变图形在显示区域中的相对大小；平移视图可以重新定位视图在绘图区中的显示位置；三维视图控制功能可以选择视点和投影方向，显示轴测图、透视图或平面视图，实现三维动态显示等。多视图控制能将屏幕分成几个窗口，每个窗口可以单独进行各种显示并能定义独立的用户坐标系。

■ 1.2.2 AutoCAD 工作界面

AutoCAD 2020 的工作界面由标题栏、菜单栏、功能区、文件选项卡、绘图区、十字光标、命令行以及状态栏等组成，如图 1-5 所示。

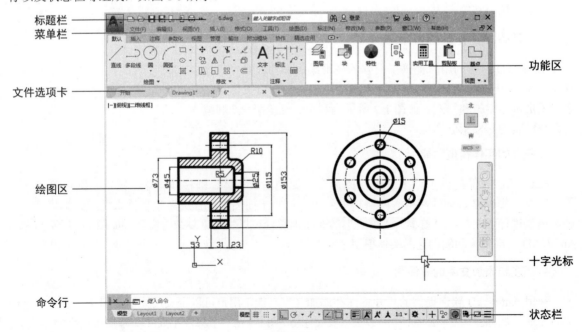

图 1-5

> **知识拓展**
>
> 首次启动 AutoCAD 2020 应用程序，默认的工作界面为黑色，为了便于显示，书中对工作界面的颜色做了调整，具体操作将在后面小节中介绍。

1. "菜单浏览器"按钮

"菜单浏览器"按钮是由新建、打开、保存、另存为、输出、发布、打印、图形实用工具和关闭等命令组成。其主要为了方便用户使用，节省时间。

"菜单浏览器"按钮位于工作界面的左上方，单击该按钮，弹出 AutoCAD 菜单。其功能一览无余，选择相应的命令，便会执行相应的操作。

2. 标题栏

标题栏位于工作界面的最上方，它由文件菜单按钮 、快速访问工具栏 、当前图形标题 、搜索 、Autodesk A360 以及窗口控制按钮等组成。

3. 菜单栏

菜单栏包括文件、编辑、视图、插入、格式、工具、绘图、标注、修改、参数、窗口、帮助 12 个主菜单，如图 1-6 所示。

默认情况下，在"草图与注释""三维基础""三维建模"工作空间中是不显示菜单栏的，若要显示菜单栏，可以在快速访问工具栏中单击下拉按钮，在弹出的快捷菜单中选择"显示菜单栏"命令，则可以显示菜单栏。

图 1-6

> **知识拓展**
>
> AutoCAD 2020 为用户提供了"菜单浏览器"功能，所有的菜单命令可以通过"菜单浏览器"执行，因此默认设置下，菜单栏是隐藏的，当变量 MENUBAR 的值为 1 时，显示菜单栏；值为 0 时，隐藏菜单栏。

4. 功能区

在 AutoCAD 中，功能区位于菜单栏的下方，其包含功能区选项板和功能区按钮。功能区按钮主要是代替命令的简便工具，利用功能区按钮可以完成绘图中的大量操作，如图 1-7 所示。

图 1-7

5. 绘图区

绘图区位于用户界面的正中央，即被工具栏和命令行所包围的整个区域，此区域是用户的工作区域，图形的设计与修改工作就是在此区域内进行操作的。绘图区是一个无限大的区域，无论尺寸多大或多小的图形，都可以在绘图区中绘制和灵活显示。

绘图窗口包含有坐标系、十字光标和导航盘等，一个图形文件对应一个绘图区，所有的绘图结果都将反映在这个区域。用户可根据需要利用"缩放"命令来控制图形的大小显示，也可以关闭周围的各个工具栏，以增加绘图空间，或者是在全屏模式下显示绘图窗口。

6. 命令行

命令行是通过键盘输入的命令，显示 AutoCAD 命令的信息。用户在菜单和功能区执行的命令也会在命令行显示，如图 1-8 所示。一般情况下，命令行位于绘图区的下方，用户可以使用鼠标拖动命令行，使其处于浮动状态，也可以随意更改命令行的大小。

```
命令:
命令: 指定对角点或 [栏选(F)/圈围(WP)/圈交(CP)]:
键入命令
```

图 1-8

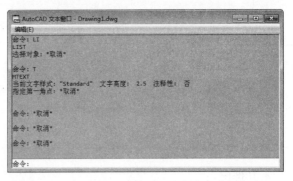
7. 状态栏

状态栏用于显示当前的绘图状态。在状态栏的最左侧有"模型"和"布局"两种绘图模式，单击鼠标左键可进行模式的切换。状态栏主要用于显示光标的坐标轴、控制绘图的辅助功能按钮、控制图形状态的功能按钮等，如图 1-10 所示。

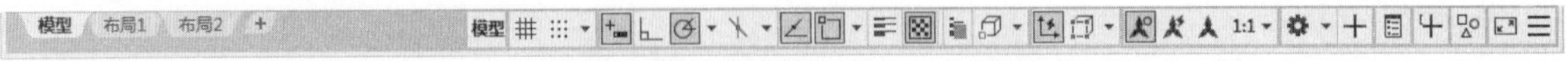

图 1-10

AutoCAD 2020 机械设计课堂实录

在了解了 AutoCAD 2020 的操作界面后，用户就可以使用该软件进行基本操作了，接下来学习图形文件的基本操作。

1.2.3 图形文件的操作

图形文件的管理是设计过程中的重要环节，为了避免由于误操作导致图形文件的意外丢失，在设计过程中需要随时对文件进行保存。图形文件的操作包括图形文件的新建、打开、保存以及另存等。

1. 新建图形文件

在创建一个新的图形文件时，用户可以利用已有的样板创建，也可以创建一个无样板的图形文件，无论哪种方式，操作方法基本相同，主要包括以下几种方式：

◎ 执行"文件"|"新建"命令。
◎ 单击"菜单浏览器"按钮，在弹出的下拉菜单中执行"新建"|"图形"命令。
◎ 单击快速访问工具栏中的"新建"按钮。
◎ 单击绘图区上方文件选项栏中的"新图形"按钮。
◎ 在命令行中输入 NEW 命令，然后按Enter 键。

执行以上任意一种操作后，系统将打开"选择样板"对话框，从文件列表中选择需要的样板，单击"打开"按钮即可创建新的图形文件，如图1-11 所示。

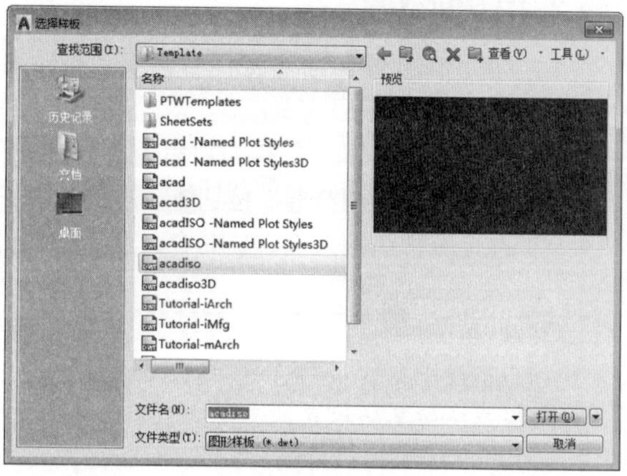

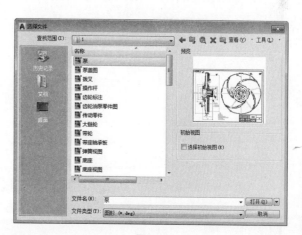

图 1-11

2. 打开图形文件

打开图形文件的常用方法有以下几种：
◎ 执行"文件"|"打开"命令。
◎ 单击"菜单浏览器"按钮，在弹出的下拉菜单中执行"打开"|"图形"命令。
◎ 单击快速访问工具栏中的"打开"按钮。
◎ 在命令行中输入 OPEN 命令，然后按Enter 键。

打开"选择文件"对话框，在其中选择需要打开的文件，在对话框右侧的"预览"区中可以预先查看所选择的图像，然后单击"打开"按钮即可打开图形文件，如图 1-12 所示。

图 1-12

3. 保存图形文件

绘制或编辑完图形后，要对文件进行保存，避免因失误导致没有保存文件的问题。用户可以直接保存文件，也可以另存为文件。

用户可以通过以下方法保存文件：

◎ 执行"文件"|"保存"命令。

◎ 单击"菜单浏览器"按钮 ，在弹出的下拉菜单中执行"保存"命令。

◎ 单击快速访问工具栏中的"保存"按钮 🖫。

◎ 在命令行中输入 SAVE 命令，然后按 Enter 键。

执行以上任意一种操作后，将打开"图形另存为"对话框，如图 1-13 所示。命名图形文件后单击"保存"按钮即可保存文件。

图 1-13

4. 另存图形文件

如果用户需要重新命名文件名称或者更改路径，就需要另存为文件。通过以下方法可以执行图形文件另存为操作：

◎ 执行"文件"|"另存为"命令。

◎ 单击"菜单浏览器"按钮，在弹出的下拉菜单中执行"另存为"命令。

◎ 在命令行中输入 SAVE 命令，然后按 Enter 键。

知识拓展

为了便于在 AutoCAD 早期版本中能够打开 AutoCAD 2020 的图形文件，在保存图形文件时，可以保存为较早的格式类型。

ACAA课堂笔记

■ **实例：新建并保存图形文件**

下面将新建并保存机械图纸文件。通过学习本案例，读者能够熟练掌握 AutoCAD 中如何新建并保存文件，其具体操作步骤介绍如下。

Step01 启动 AutoCAD 软件，执行"文件"|"新建"命令，打开"选择样板"对话框，如图 1-14 所示。

Step02 选择合适的样板，单击"打开"按钮，新建 Drawing1 文件，如图 1-15 所示。

图 1-14

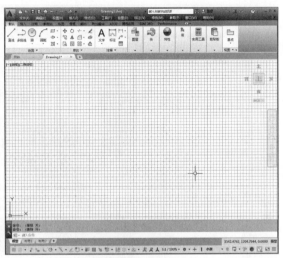

图 1-15

Step03 执行"文件"|"保存"命令，打开"图形另存为"对话框，设置保存路径和文件名，如图 1-16 所示。

Step04 单击"保存"按钮，在保存路径中即可查看到保存的 CAD 文件，如图 1-17 所示。

图 1-16

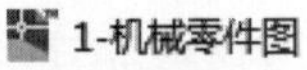

🖼️ 1-机械零件图

图 1-17

1.3 机械设计计算机辅助软件

在机械设计过程中，常用的机械 CAD 软件有 AutoCAD、CAXA、Pro/ENGINEER（Creo）、UG、CATIA、SolidWorks 等，利用这些机械 CAD 软件进行机械制图以及机械制造，可以极大地提高机械产品的开发效率。这里简单地介绍 UG 和 Pro/ENGINEER 两款软件。

■ 1.3.1 UG 制图软件

UG 是一款集 CAD/CAM/CAE 于一体的三维参数化设计软件，功能强大，可以轻松地实现各种复杂实体及造型的建构，为用户的产品设计及加工过程提供数字化造型和验证手段，广泛应用于航空航天、汽车、造船、通用机械和电子等工业领域。

1. UG 的工作界面

安装了 UG 软件后，用户可以通过双击桌面上的快捷图标来启动 UG，其工作界面如图 1-18 所示，其中包括标题栏、菜单栏、工具栏、绘图区、坐标系、快捷菜单栏、资源工具条、提示栏和状态栏等部分。

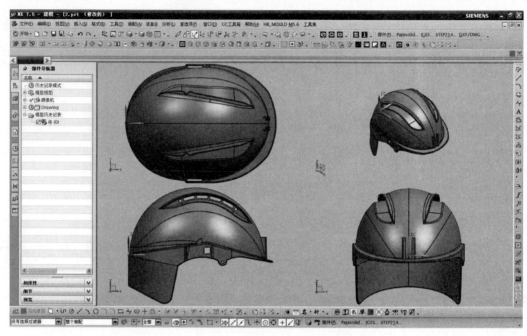

图 1-18

- ◎ 标题栏：在 UG 工作界面中，标题栏的主要功能用于显示软件版本与使用者应用的模块名称，并显示当前正在操作的文件及状态。
- ◎ 菜单栏：菜单栏包含了 UG 软件所有的功能。系统将所有的指令或设定选项予以分类。单击菜单栏中任何一个功能时，系统会显示出该功能菜单包含的相关指令。
- ◎ 工具栏：工具栏位于菜单栏下面，它以简单直观的图标来表示每个工具的作用。单击图标按钮就可以启动相对应的 UG 软件功能，相当于从菜单区逐级选择到的最后命令。
- ◎ 提示栏：提示栏位于绘图区的上方，其主要用途在于提示使用者操作的步骤。在执行每个指令步骤时，系统均会在提示栏中显示使用者必须执行的动作，或提示使用者下一个动作。
- ◎ 绘图区：绘图区是以窗口的形式呈现的，占据了屏幕的大部分空间。可用于显示绘图后的图素、分析结果等。

2. UG 的特点

UG 具有强大的实体造型、曲面造型、虚拟装配和产生工程图等设计功能；在设计过程中可进行有限元分析、机构运动分析、动力学分析和仿真模拟，提供设计的可靠性；可通过建立的三维模型直接生成数控代码，用于产品的加工，其处理程序支持多种类型的数控机床。另外该软件所提供的二次开发语言 UG/open Grip、UG/open API 简单易学，实现功能多，便于用户开发专用 CAD 系统应用。具体来说，该软件具有以下特点。

- ◎ 具有统一的数据库，真正实现了 CAD/CAE/CAM 等各模块之间的无缝数据交换的自由切换，可实施并行工程。

◎ 采用复合建模技术，可将实体建模、曲面建模、线框建模、显示几何建模与参数化建模融为一体。

◎ 用基础特征（如孔、凸台、型胶、槽沟、倒角等）建模和编辑方法作为实体造型基础，形象直观，并能用参数驱动。

◎ 曲面设计采用非均匀有理 B 样条做基础，可用多种方法生成复杂的曲面，特别适合于汽车外形设计、汽轮机叶片设计等复杂曲面造型。

◎ 出图功能强，可十分方便地从三维实体模型直接生成二维工程图。能按 ISO 标准和国标标注尺寸、形位公差和汉字说明等。并能直接对实体做旋转剖、阶梯剖和轴测图挖切生成各种剖视图，增强了绘制工程图的实用性。

◎ 以 Parasolid 为实体建模核心，实体造型功能处于领先地位，目前 CAD/CAE/CAM 软件均以此作为实体造型基础。

◎ 具有良好的用户界面，绝大多数功能都可通过图标实现；进行对象操作时，具有自动推理功能；同时，在每个操作步骤中，都有相应的提示信息，便于用户做出正确的选择。

■ 1.3.2　Pro/ENGINEER 制图软件

Pro/ENGINEER 是美国 PTC（参数技术）公司所研发的 3D 实体模型设计系统，它能将产品从设计至生产的过程集成在一起，让所有的用户同时进行同一产品的设计制造工作，即所谓的并行工程。Pro/ENGINEER 具有完善的 3D 实体模型设计系统和以特征为基础的参数式模型结构，尤其是模具设计、零件装配图等方面有出色的表现。

1. Pro/ENGINEER 的工作界面

Pro/ENGINEER 是一款优秀的 3D 实体模型设计软件，新建或打开一个模型文件，即可进入工作界面，可以看到，Pro/ENGINEER 的工作界面由菜单栏、工具栏、信息栏、导航栏、特征工具栏、绘图区等部分组成，如图 1-19 所示。

图 1-19

◎ 菜单栏：和其他标准的窗口化软件一样，Pro/ENGINEER 将大部分的系统命令集成到了菜单栏中，为用户提供了基本的窗口操作命令与建模处理功能。

◎ 工具栏：Pro/ENGINEER 有两种工具栏，标准工具栏和特征工具栏。标准工具栏用于文件新建、打开、保存、打印等操作的文件管理工具栏；特征工具栏又称为快捷菜单栏，它的快捷菜单集成了大部分的特征建立命令，这样不但方便了用户的使用，同时也减少了用户移动鼠标的频率和次数，大大提高了作图的效率。

◎ 信息栏：在操作过程中，相关的信息会显示在该区域中，如特征常见步骤提示、警告提示、出错信息、结果和数值输入等。

◎ 导航栏：导航栏包括四个页面选项："模型树或层树""文件夹浏览器""收藏夹"和"连接"。"模型树"中列出了活动文件中的所有零件及特征，并以树的形式显示模型结构；"层树"可以有效组织和管理模型中的层；"文件夹浏览器"类似于 Windows 的资源管理器，用于浏览文件；"收藏夹"用于有效组织和管理各类资源；"连接"用于连接网络资源以及网上协同工作。

◎ 绘图区：窗口的中间区域是最重要的绘图区，是模型显示的主视图区，在此区域用户可以通过视图操作进行模型的旋转、平移、缩放和选取模型特征，执行编辑和变更操作。

2. Pro/ENGINEER 的特点

Pro/ENGINEER 作为一种全参数化的计算机辅助设计系统，与其他计算机辅助设计系统相比拥有许多独特的特点，充分了解这些特点后可以正确理解其设计理念。其产品的设计不仅能够满足要求，而且具有很强的弹性和灵活性，下面将对其特点进行简要介绍。

◎ Pro/ENGINEER 是一个实体建模器，允许在三维环境中，通过各种造型手段达到设计目的，能够将用户的设计思想以最逼真的模型表现出来，使用户更直接地了解设计的真实性，避免了设计中点、线、面构成几何的不足。

◎ Pro/ENGINEER 是一个基于特征的实体建模工具，系统认为特征是组成模型的基本单元，实体建模是通过多个特征创建完成的，也就是说实体模型是特征的叠加。

◎ Pro/ENGINEER 是一个全参数化的系统，几何形状和大小都是由尺寸参数控制，可以随时修改这些尺寸参数并对设计对象进行分析，计算出模型的体积、面积、质量、惯性矩等；特征之间存在着相依的关系，即所谓的"父子"关系，使得某一特征的修改，同时会牵动其他特征的变更；可以运用强大的数学运算方式，建立各特征之间的数学关系，使得计算机能自动计算出模型应有的形状和固定位置。

◎ Pro/ENGINEER 创建的三维零件模型以及由此产生的二维工程图、装配部件、模具、仿真加工等，它们之间双向关联，采用单一的数据管理，既可以减少数据的存储量以节约磁盘空间，又可以在任何环节对模型进行修改，保证了设计数据的统一性和准确性，也避免了因反复修改而花费大量的时间。

◎ Pro/ENGINEER 能够依据创建的原始模型，通过家族表改变模型组成对象的数量或尺寸参数，建立系列化的模型，这也是建立国家标准件库的重要手段之一。

■ 综合实战：自定义绘图环境

第一次打开 AutoCAD 软件的时候，软件界面颜色为黑色，如果想将其更换为其他颜色，可以通过以下方法进行操作。

Step01 启动 AutoCAD 2020 软件应用程序，可以看到默认的工作界面为深蓝色，如图 1-20 所示。

Step02 在命令行中输入 options 命令，按回车键后打开"选项"对话框，在"显示"选项卡中，单击"窗口元素"选项组中的"颜色主题"下拉按钮，在打开的下拉列表中选择"明"选项，如图 1-21 所示。

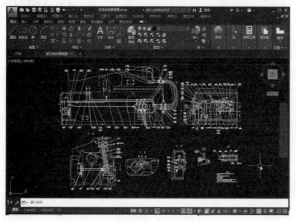

图 1-20

图 1-21

Step03 单击"应用"按钮，观察工作界面效果，如图 1-22 所示。

Step04 再单击"颜色"按钮，打开"图形窗口颜色"对话框，单击"颜色"下拉按钮并选择需要替换的颜色，如图 1-23 所示。

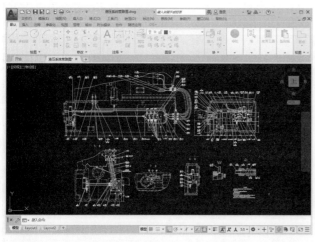

图 1-22

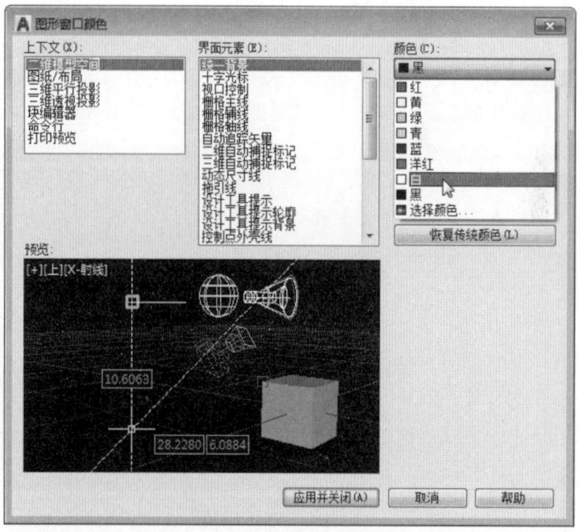

图 1-23

Step05 选择颜色后在"预览"窗口中会显示预览效果，设置完成后，单击"应用并关闭"按钮，如图 1-24 所示。

Step06 返回到上一层对话框，单击"确定"按钮，完成设置操作。此时绘图区的背景颜色已发生了变化，如图 1-25 所示。

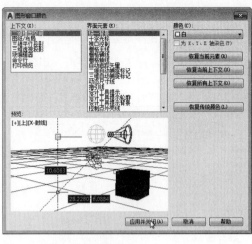

图 1-24

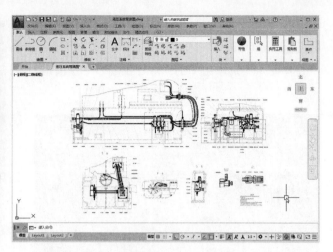

图 1-25

△

ACAA课堂笔记

课后作业

一、填空题

1. 计算机辅助设计简称为_____。

2. 在 AutoCAD 的"_____"菜单或"_____"选项板的"绘图"面板中包含各种二维绘图工具，可以绘制直线、矩形和圆等基本二维图形，也可以对封闭图形进行填充操作。

3. AutoCAD 包括_____、_____、_____这 3 种工作空间。

二、选择题

1. 默认情况下用户坐标系与世界坐标系的关系，以下说法正确的是（　　）。

　　A. 不相重合　　　　　　　　　　B. 同一坐标系

　　C. 相重合　　　　　　　　　　　D. 有时重合有时不重合

2. 下面（　　）选项可以在"选项"对话框中设置界面背景的颜色。

　　A. 系统　　　　　　　　　　　　B. 用户系统配置

　　C. 文件　　　　　　　　　　　　D. 显示

3. 当绘制好的圆或圆弧显示为多边形时，使用（　　）命令可以使其正常显示。

　　A. 缩放　　　　　　　　　　　　B. 平移

　　C. 重画　　　　　　　　　　　　D. 重生成

4. 想要扩大绘图区，可在（　　）中进行操作。

　　A. 标题栏　　　　　　　　　　　B. 功能区

　　C. 状态栏　　　　　　　　　　　D. 文件标签

5. 执行（　　）命令可以显示或隐藏文件选项卡。

　　A. 在"视图"选项卡的"用户文件"面板中单击"文件选项卡"按钮

　　B. 在"视图"选项卡的"选项卡"面板中单击"文件选项卡"按钮

　　C. 在"视图"选项卡的"视图"面板中单击"文件选项卡"按钮

　　D. 在"视图"选项卡的"界面"面板中单击"文件选项卡"按钮

三、操作题

1. 调整命令行字体。

本实例将利用"选项"对话框，对命令行的字体格式进行调整，效果如图 1-26 所示。

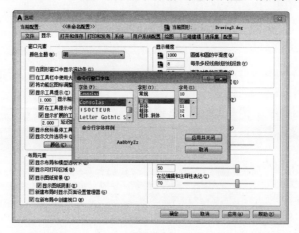

图 1-26

操作提示:

Step01 打开"选项"对话框,切换到"显示"选项卡。

Step02 单击"字体"按钮,打开"命令行窗口字体"对话框,设置其格式即可。

2. 隐藏"文件"选项卡。

本实例将利用"选项"对话框来隐藏"文件"选项卡,效果如图 1-27 所示。

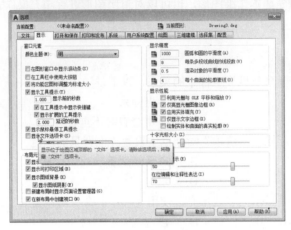

图 1-27

操作提示:

Step01 打开"选项"对话框,切换到"显示"选项卡。

Step02 取消选中"显示文件选项卡"复选框即可。

第〈2〉章

利用辅助功能绘制图纸

内容导读

在对 AutoCAD 2020 软件有所了解后，就可对该软件进行一些基本的操作了。例如绘图环境的设置、视图的显示控制、图形的选择方式以及命令的调用等。这些操作是学习 AutoCAD 软件最基本的操作，熟练掌握这些操作，对以后绘图有很大的帮助。

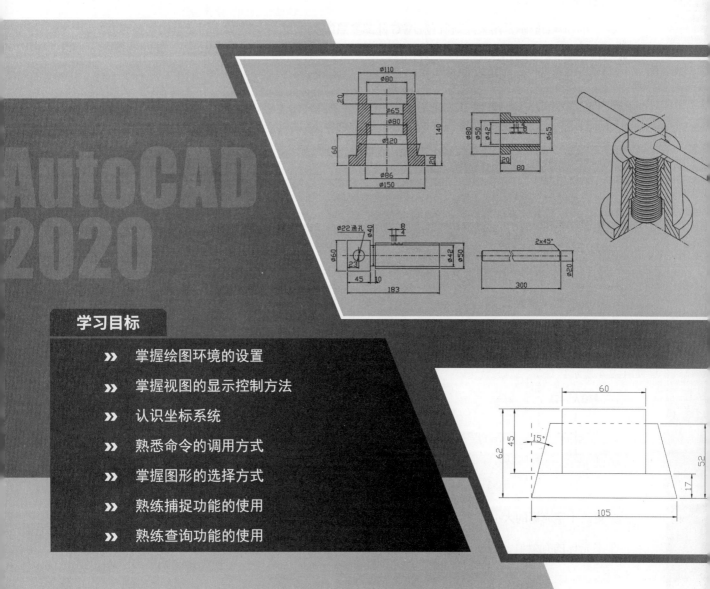

学习目标

» 掌握绘图环境的设置

» 掌握视图的显示控制方法

» 认识坐标系统

» 熟悉命令的调用方式

» 掌握图形的选择方式

» 熟练捕捉功能的使用

» 熟练查询功能的使用

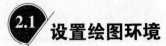

2.1 设置绘图环境

在使用 AutoCAD 绘制图形之前，可以根据个人的绘图习惯对绘图环境做进一步的调整，从而提高绘图效率。比如，设置绘图单位、绘图界限等。

■ 2.1.1 设置显示工具

显示工具是绘图环境中重要的因素之一，用户可以通过"选项"对话框更改自动捕捉标记的大小、靶框的大小、拾取框的大小、十字光标的大小等。

1. 更改自动捕捉标记大小

打开"选项"对话框，切换到"绘图"选项卡，在"自动捕捉标记大小"选项组中，单击鼠标左键，拖动滑块到满意位置，单击"确定"按钮即可，如图 2-1 所示。

2. 更改外部参照显示

更改外部参照显示是用来控制所有 DWG 外部参照的淡入度。在"选项"对话框中切换到"显示"选项卡，在"淡入度控制"选项组中输入淡入度数值，或直接拖动滑块即可修改外部参照的淡入度，如图 2-2 所示。

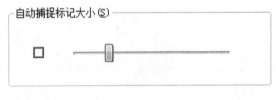

图 2-1

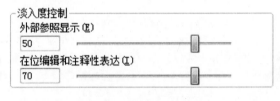

图 2-2

3. 更改靶框的大小

靶框也就是在绘制图形时十字光标的中心位置。在"绘图"选项卡的"靶框大小"选项组中拖动滑块可以设置靶框大小，靶心大小会随着滑块的拖动而变化，在左侧可以预览，如图 2-3 所示。

4. 更改拾取框的大小

十字光标在绘制图形的中心位置为拾取框，可以拾取图形，设置拾取框的大小，可以快速拾取物体。在"选项"对话框的"选择集"选项卡的"拾取框大小"选项组中拖动滑块，即可调整拾取框大小，如图 2-4 所示。

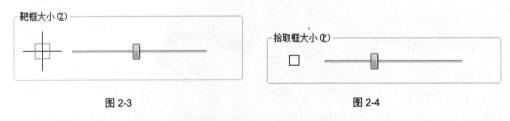

图 2-3　　　　　　　　　　　图 2-4

5. 更改十字光标的大小

十字光标的有效值范围是 1% ～ 100%，它的尺寸可延伸到屏幕的边缘，当数值在 100% 时可以

AutoCAD 2020 机械设计课堂实录

辅助绘图。用户可以在"显示"选项卡的"十字光标大小"选项组中，输入数值进行设置，还可以拖动滑块设置十字光标的大小，如图 2-5 所示。

图 2-5

2.1.2 设置绘图界限

绘图界限是指在绘图区中设定的有效区域。在实际绘图过程中，如果没有设定绘图界限，那么 CAD 系统对绘图范围将不作限制，会在打印和输出过程中增加难度。通过以下方法可以设置绘图边界：

◎ 执行"格式"|"图形界限"命令。

◎ 在命令行输入 LIMITS 命令并按 Enter 键。

命令行提示如下：

命令：
LIMITS
重新设置模型空间界限：
指定左下角点或 [开 (ON)/ 关 (OFF)] <0.0000,0.0000>:　　　指定图形界限第一点坐标值
指定右上角点 <420.0000,297.0000>:　　　指定图形界限对角点坐标值

2.1.3 设置绘图单位

在绘图之前，应对绘图单位进行设定，以保证图形的准确性。其中，绘图单位包括长度单位、角度单位、缩放单位、光源单位以及方向控制等。

在菜单栏中执行"格式"|"单位"命令，或在命令行输入 UNITS 并按 Enter 键，即可打开"图形单位"对话框，对绘图单位进行设置，如图 2-6 所示。

1."长度"选项组

在"类型"下拉列表框中可以设置长度单位，在"精度"下拉列表框中可以对长度单位的精度进行设置。

2."角度"选项组

图 2-6

在"类型"下拉列表框中可以设置角度单位，在"精度"下拉列表框中可以对角度单位精度进行设置。选中"顺时针"复选框，图像以顺时针方向旋转，若取消选中该复选框，图像则以逆时针方向旋转。

3."插入时的缩放单位"选项组

缩放单位是用于插入图形后的测量单位，默认情况下是"毫米"，一般不做改变，用户也可以在"用于缩放插入内容的单位"下拉列表框中设置缩放单位。

4."光源"选项组

光源单位是指光源强度的单位，其中包括国际、美国、常规 3 个选项。

5. "方向"按钮

"方向"按钮在"图形单位"对话框的底部。单击"方向"按钮，打开"方向控制"对话框，如图 2-7 所示。默认测量角度是东，用户也可以设置测量角度的起始位置。

图 2-7

■ 实例：自定义鼠标右键功能

AutoCAD 软件安装之后，鼠标的默认右键功能是快捷键菜单。为了便于绘图操作，用户也可以自定义鼠标右键功能。具体操作步骤介绍如下。

Step01 单击"菜单浏览器"按钮，在打开的下拉菜单中单击"选项"按钮，如图 2-8 所示。

Step02 系统打开"选项"对话框，切换到"用户系统配置"选项卡，如图 2-9 所示。

图 2-8

图 2-9

Step03 在"Windows 标准操作"选项组中单击"自定义右键单击"按钮，打开"自定义右键单击"对话框，如图 2-10 所示。

Step04 在该对话框中设置"默认模式"和"编辑模式"都为"重复上一个命令"，设置"命令模式"为"确认"，如图 2-11 所示。

Step05 单击"应用并关闭"按钮即可完成鼠标右键功能的设置。

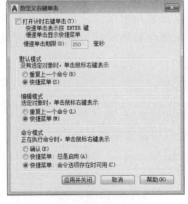

图 2-10

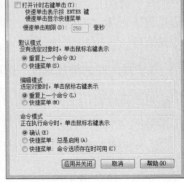

图 2-11

2.2 视图的显示控制

由于受到图形显示器的限制，当图形线条太密集或图形很大的时候，会使用户观察图形不方便，所以系统提供了几种调整图形大小的方法。下面将向用户介绍缩放、平移等视图的操作方法。

■ 2.2.1 缩放视图

在绘制图形局部细节时，通常会选择放大视图来显示，绘制完成后再利用缩放工具缩小视图，来观察图形的整体效果。缩放图形可以增加或减少图形在屏幕显示的尺寸，但对象的尺寸保持不变。通过改变显示区域改变图形对象的视图大小，可以更准确、清晰地进行绘制操作。

用户可以通过以下方式缩放视图：

◎ 执行"视图"|"缩放"命令，在其子菜单下可以选择需要的缩放方式。

◎ 在命令行输入 ZOOM 并按 Enter 键，根据需要选择缩放方式。

利用 ZOOM 命令缩放视图后，命令行的提示如下：

```
命令 : ZOOM
指定窗口的角点，输入比例因子 (nX 或 nXP)，或者
[ 全部 (A)/ 中心 (C)/ 动态 (D)/ 范围 (E)/ 上一个 (P)/ 比例 (S)/ 窗口 (W)/ 对象 (O)] < 实时→ : a
正在重生成模型。
```

绘图技巧

轻轻滚动鼠标的滚轮（中键）也可以实现图形的缩放。

◎ 范围缩放：当绘制或浏览较为复杂的图形时，通常都要使用缩放命令用于图形某一区域的放大或较大图形的整体观察。该操作不能改变图形中对象的绝对大小，只能改变视图的比例。

◎ 窗口缩放：可将矩形窗口内选择的图形对象放大显示，并将其最大化显示。

◎ 实时缩放：根据绘图需要，将图纸随时进行放大或缩小。

◎ 全部缩放：按指定的比例对当前图形整体进行缩放。

◎ 动态缩放：以动态方式缩放视图。

◎ 缩放：按指定的比例对当前图形进行缩放操作。

◎ 圆心缩放：旧版本中的"居中缩放"命令已更改为"圆心缩放"命令。该命令是按指定的中心点和缩放比例，对当前图形进行缩放。

◎ 对象缩放：将所选的对象最大化显示在绘图区域中。

■ 2.2.2 平移视图

使用平移视图工具可以重新定位当前图形在窗口中的位置，以便于对图形的其他部分进行浏览或绘制。该命令不会改变视图中对象的实际位置，只改变当前视图在操作区域中的位置。

1. 利用功能区命令操作

执行"视图"|"二维导航"|"平移"命令，当光标转换成手形图标时，按住鼠标左键，拖动鼠标至合适位置，释放鼠标即可移动视图。

2. 使用鼠标中键操作

除了使用"平移"命令外，用户还可以直接按住鼠标中键不放，拖动鼠标至合适位置，释放中键即可完成平移操作。

■ 2.2.3　重画与重生成视图

在绘制过程中，有时视图中会出现一些残留的光标点，为了擦除这些多余的光标点，用户可使用重画与重生成功能进行操作。

1. 重画

重画用于从当前窗口中删除编辑命令留下的点标记，同时还可以编辑图形留下的点标记，这是对当前视图中的图形进行刷新操作。

用户只需在命令行中输入 redraw 或 redrawall 后，按 Enter 键即可进行重画操作。

> **工程师点拨**
>
> redraw 和 redrawall 的区别
>
> 输入 redraw 命令，将从当前视口中删除编辑命令留下来的点标记，而输入 redrawall 命令，将从所有视口中删除编辑命令留下来的点标记。

2. 重生成

重生成功能用于在视图中进行图形的重生成操作，其中包括生成图形、计算坐标、创建新索引等。在当前视口中重生成整幅图形并重新计算所有对象的坐标、重新创建图形数据库索引，从而优化显示和对象选择的性能。

在命令行中输入 regen 或 regenall 后，按 Enter 键即可进行操作。在输入 regen 命令后，则会在当前视口中重生成整个图形并重新计算所有对象的坐标。而输入 regenall 后，则在所有视口中重生成整个图形并重新计算所有对象的屏幕坐标。

3. 自动重新生成图形

自动重新生成图形功能用于自动生成整个图形，它与重生成功能不相同。在对图形进行编辑时，在命令行中输入 regenauto 命令后，按 Enter 键，即可自动再生成整个图形，以确保屏幕上的显示能反映图形的实际状态，保持视觉的真实度。

2.3　认识坐标系

任意物体在空间中的位置都是通过一个坐标系来定位的。在 AutoCAD 的图形绘制中，也是通过坐标系来确定相应图形对象的位置的，坐标系是确定对象位置的基本手段。理解各种坐标系的概念，掌握坐标系的创建以及正确的坐标数据输入方法，是学习 CAD 制图的基础。

2.3.1 坐标系概述

坐标（x,y）是表示点的最基本方法。在 AutoCAD 中，坐标系分为世界坐标系（WCS）和用户坐标系（UCS）。两种坐标系下都可以通过坐标（x,y）来精确定位点。

1. 世界坐标系

AutoCAD 系统为用户提供了一个绝对的坐标系，即世界坐标系（World Coordinate System，WCS）。通常，AutoCAD 构造新图形时将自动使用 WCS，虽然 WCS 不可更改，但可以从任意角度、任意方向来观察或旋转。

世界坐标系 WCS 是由 3 个垂直并相交的坐标轴 X、Y 和 Z 构成，一般显示在绘图区域的左下角，如图 2-12 所示。

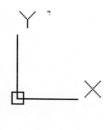

图 2-12

在世界坐标系中，X 轴和 Y 轴的交点就是坐标原点 O（0,0），X 轴正方向为水平向右，Y 轴正方向为垂直向上，Z 轴正方向为垂直于 XOY 平面，指向操作者。在二维绘图状态下，Z 轴是不可见的。世界坐标系是一个固定不变的坐标系，其坐标原点和坐标轴方向都不会改变，是系统默认的坐标系。

2. 用户坐标系

相对于世界坐标系 WCS，用户可根据需要创建无限多的坐标系，这些坐标系称为用户坐标系。比如进行复杂绘图操作，尤其是三维造型操作时，固定不变的世界坐标系已经无法满足用户的需要，故而 AutoCAD 定义一个可以移动的用户坐标系（User Coordinate System，UCS），用户可以在需要的位置上设置原点和坐标轴的方向，更加便于绘图。

在默认情况下，用户坐标系和世界坐标系完全重合，但是用户坐标系的图标少了原点处的小方格，如图 2-13 所示。

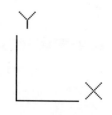

图 2-13

2.3.2 创建新坐标

在绘制图形时，用户根据制图要求创建所需的坐标系。而在 AutoCAD 软件中，可使用 4 种方法进行创建。下面将分别对其操作进行介绍。

1. 通过输入原点创建

执行菜单栏中的"工具"|"新建 UCS"|"原点"命令，根据命令行中的提示信息，在绘图区中指定新的坐标原点，并输入 X、Y、Z 坐标值，按 Enter 键，即可完成创建。

2. 通过指定 z 轴矢量创建

在命令行中，输入 UCS 并按 Enter 键后，在绘图区中指定新坐标的原点，其后根据需要指定好 X、Y、Z 三点坐标轴方向，即可完成新坐标的创建。

3. 通过"面"命令创建

执行菜单栏中的"工具"|"新建UCS"|"面"命令，指定对象的一个面为用户坐标平面，其后根据命令行中的提示信息，指定新坐标轴的方向即可，如图2-14和图2-15所示。

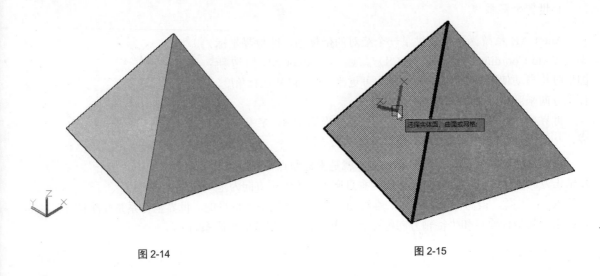

图 2-14   图 2-15

2.4 命令的调用方式

命令是 AutoCAD 中人机交互最重要的内容，在操作过程中有多种调用命令的方法，如通过命令按钮、下拉菜单或命令行等。用户在绘图时，应根据实际情况选择最佳的执行方式，以提高工作效率。

■ 2.4.1 键盘执行命令

键盘执行命令的方式包括输入命令和使用组合键两种方式。

1. 输入命令

键盘输入命令的方法，就是在绘图窗口底部的命令行中直接输入命令的全称或简称（字母不区分大小写），然后按Enter键，即可启动该命令。例如，在命令行输入LINE命令再按Enter键，即可启动"直线"命令。

2. 使用组合键

使用 Ctrl、Alt、Shift 与其他字母或者按键组合，也可以快速调用命令。例如，Ctrl+O 组合键可以打开文件，Ctrl+S 组合键可以保存文件，Shift+（F2~F5）组合键可以控制系统变量。

■ 2.4.2 鼠标执行命令

可以使用鼠标通过单击功能区、菜单栏或工具栏来调用命令，也可以通过单击鼠标右键打开快捷菜单来选择命令。

1. 功能区

在工作界面的功能区中单击需要的工具按钮，即可调用命令，然后按照提示进行绘图操作。

2. 菜单栏

利用鼠标选择菜单栏中的菜单项来启动绘图或编辑命令。例如想绘制直线，可以在菜单栏中打开"绘图"菜单，从中选择"直线"命令，即可开始绘制直线。

3. 工具栏

在工具栏中单击需要的命令按钮即可调用命令。默认情况下 AutoCAD 的工具栏是隐藏的，用户可以通过执行"工具"|"工具栏"|AutoCAD 命令，在打开的命令列表中选择需要的工具，即可打开工具栏。如图 2-16 所示为"绘图"工具栏。

图 2-16

4. 右键菜单

在命令行的空白处单击鼠标右键，在弹出的快捷菜单中，可以选择"最近的输入"命令，在其子菜单中可选择相关命令，即可进行该命令的操作，如图 2-17 所示。选择图形后再单击鼠标右键，在弹出的快捷菜单中可以选择对图形进行编辑的操作命令，如图 2-18 所示。

图 2-17

图 2-18

2.5 图形的选择方式

选择图形是整个绘图工作的基础。在进行图形编辑操作时，先选中要编辑的图形。在 AutoCAD 软件中，选取图形有多种方法，如逐个选取、框选、快速选取以及编组选取等。下面分别对它们进行介绍。

2.5.1 逐个选取

当需要选择某对象时，用户在绘图区中直接单击该对象，当图形四周出现夹点形状时，即被选中，当然也可进行多选，如图 2-19 和图 2-20 所示。

2.5.2 框选

除了逐个选择的方法外，还可以进行框选。框选的方法较为简单，在绘图区中，按住鼠标左键，拖动鼠标，直到所选择图形对象已在虚线框内时，释放鼠标，即可完成框选。

框选方法分为两种：从右至左框选和从左至右框选。当从右至左框选时，在图形中所有被框选到的对象以及与框选边界相交的对象都会被选中，如图 2-21 和图 2-22 所示。

当从左至右框选时，所框选图形全部被选中，但与框选边界相交的图形对象则不被选中，如图 2-23 和图 2-24 所示。

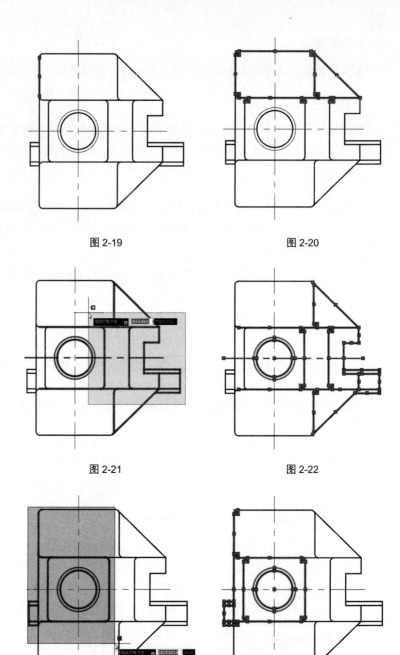

图 2-19　　　　　　　　图 2-20

图 2-21　　　　　　　　图 2-22

图 2-23　　　　　　　　图 2-24

2.6 捕捉功能的使用

在绘制图形时，使用栅格显示、捕捉模式、极轴追踪、对象捕捉、正交模式、全屏显示、模式显示更改等辅助工具可以提高绘图效率。

■ 2.6.1　栅格显示

栅格显示是指在屏幕上显示分布，按指定行间距和列间距排列的栅格点，就像在屏幕上铺了一张坐标纸，利用栅格可以对齐对象并直观显示对象之间的距离。在输出图纸的时候是不打印栅格的。

1. 显示格栅

栅格是一种可见的位置参考图标，利用栅格可以对齐对象并直观显示对象之间的距离，起到坐标纸的作用。在 AutoCAD 中，用户可以使用以下方式显示和隐藏栅格：

◎ 在状态栏中单击"显示图形栅格"按钮▦。

◎ 按 Ctrl+G 组合键或按 F7 键。

图 2-25 所示为显示栅格的效果，图 2-26 所示为隐藏栅格的效果。

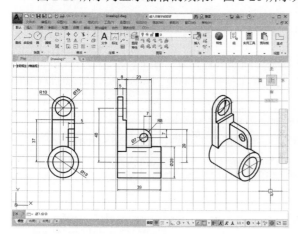

图 2-25　　　　　　　　　　　　　　　　图 2-26

2. 设置显示样式

在默认情况下，栅格显示是直线的矩形图案，但是当视觉样式定为二维线框时，可以将其更改为传统的点栅格样式。在"草图设置"对话框中，可以对栅格的显示样式进行更改。

用户可以通过以下方式打开"草图设置"对话框：

◎ 执行"工具"|"绘图工具"命令。

◎ 在状态栏中单击"捕捉设置"按钮▦，在弹出的下拉菜单中选择"捕捉设置"命令。

◎ 在命令行中输入 DS 命令。

打开"草图设置"对话框后，选中"启用栅格"复选框，然后在"栅格样式"选项组中选中"二维模型空间"复选框，如图 2-27 所示。设置完成后单击"确定"按钮即可。

图 2-27

■ 2.6.2　捕捉模式

捕捉功能可以使光标在经过图形时，显示已经设置的特殊点位置。捕捉类型分为栅格捕捉和极轴捕捉，栅格捕捉只捕捉栅格上的点，而极轴捕捉是捕捉极轴上的点。

若需要使用捕捉功能，用户可以通过以下方式启用捕捉模式：

◎ 在状态栏中单击"捕捉设置"按钮▦。

◎ 打开"草图设置"对话框，选中"启用捕捉"复选框。

◎ 按 F9 键进行切换。

知识拓展

栅格捕捉包括矩形捕捉和等轴测捕捉，矩形捕捉主要是在平面图上进行绘制，是常用的捕捉模式。等轴测捕捉是在绘制轴测图时使用，等轴测捕捉可以帮助用户创建表现三维对象的二维等轴测图像。通过设置可以很容易地沿三个等轴测平面之一对齐对象。

2.6.3 对象捕捉

在绘图中需要确定一些具体的点，只凭肉眼是很难正确地确认位置，在 AutoCAD 中对象捕捉就可以实现这些功能，快速准确地捕捉图纸中所需位置。对象捕捉是通过已存在的实体对象的点或位置来确定点的位置。

对象捕捉分为自动捕捉和临时捕捉两种。临时捕捉主要通过"对象捕捉"工具栏实现。执行"工具"|"工具栏"|AutoCAD|"对象捕捉"命令，打开"对象捕捉"工具栏，如图 2-28 所示。

图 2-28

在执行自动捕捉操作前，需要设置对象的捕捉点。当鼠标经过这些设置过的特殊点的时候，就会自动捕捉这些点。

用户可以通过以下方式打开和关闭对象捕捉模式：

◎ 单击状态栏中的"对象捕捉"按钮▯。

◎ 按 F3 键进行切换。

打开"草图设置"对话框，可以在"对象捕捉"选项卡中设置自动捕捉模式。需要捕捉哪些对象捕捉点和相应的辅助标记，就选中其前面的复选框，如图 2-29 所示。

图 2-29

下面将对各捕捉点的含义进行介绍。

◎ 端点：直线、圆弧、样条曲线、多线段、面域或三维对象的最近端点或角。

◎ 中点：直线、圆弧和多线段的中点。

◎ 圆心：圆弧、圆和椭圆的圆心。

◎ 几何中心：多段线、二维多段线和二维样条曲线的几何中心点。

◎ 节点：捕捉到点对象、标注一点或标注文件原点。

◎ 象限点：圆弧、圆和椭圆上 0°、90°、180° 和 270° 处的点。

◎ 交点：实体对象的交界处的点。延伸交点不能用作执行对象捕捉模式。

◎ 延长线：用户捕捉直线延伸线上的点。当光标移动到对象的端点时，将显示沿对象的轨迹延伸出来的虚拟点。

◎ 插入点：文本、属性和符号的插入点。

◎ 垂足：圆弧、圆、椭圆、直线和多段线等的垂足。

◎ 切点：圆弧、圆、椭圆上的切点。该点和另一点的连线与捕捉对象相切。

◎ 最近点：离靶心最近的点。

◎ 外观交点：三维空间中不相交但在当前视图中可能相交的两个对象的视觉交点。

◎ 平行线：通过已知点且与已知直线平行的直线的位置。

知识拓展

捕捉和对象捕捉的区别：捕捉可以使用户直接使用鼠标快捷地确定定位目标点。对象捕捉则用来精准地捕捉交点、圆点等来绘图。

■ 2.6.4 极轴追踪

在绘制图形时，如果遇到倾斜的线段，需要输入极坐标，这样就很麻烦。许多图纸中的角度都是固定角度，为了避免输入坐标，就需要使用极轴追踪的功能。在极轴追踪中也可以设置极轴追踪的类型和极轴角测量等。

若需要使用追踪功能，用户可以通过以下方式启用追踪模式：

◎ 在状态栏中单击"极轴追踪"按钮。

◎ 打开"草图设置"对话框，选中"启用极轴追踪"复选框。

◎ 按 F10 键进行切换。

极轴追踪包括"极轴角设置""对象捕捉追踪设置""极轴角测量"等选项组。在"极轴追踪"选项卡中可以设置这些功能，各选项组的作用介绍如下。

1. 极轴角设置

"极轴角设置"选项组包含"增量角"和"附加角"两个选项。用户可以在"增量角"下拉列表框中选择具体角度，如图 2-30 所示。也可以在"增量角"复选框下面的文本框内输入任意数值。

图 2-30

附加角是对象轴追踪使用列表中的任意一种附加角度。它起到辅助的作用，当绘制角度的时候，如果是附加角设置的角度就会有提示。"附加角"复选框同样受 POLARMODE 系统变量控制。

选中"附加角"复选框，单击"新建"按钮，输入数值，按 Enter 键即可创建附加角。选中数值然后单击"删除"按钮，可以删除数值。

2. 对象捕捉追踪设置

对象捕捉追踪是指当系统自动捕捉到图形中的一个特征点后，以该点为基点，沿设置的极轴追踪另一点，并在追踪方向上显示一条虚线延长线，用户可以在该延长线上定位点。在使用对象捕捉追踪时，必须打开对象捕捉，并捕捉一个点作为追踪参照点。其中，"对象捕捉追踪设置"选项组包括"仅正交追踪"和"用所有极轴角设置追踪"两个选项。

◎ "仅正交追踪"是指追踪对象的正交路径，也就是对象 X 轴和 Y 轴正交的追踪。当"对象捕捉"打开时，仅显示已获得的对象捕捉点的正交对象捕捉追踪路径。

◎ "用所有极轴角设置追踪"是指光标从获取的对象捕捉点起，沿极轴对齐角度进行追踪。该选项对所有的极轴角都将进行追踪。

3. 极轴角测量

"极轴角测量"选项组包括"绝对"和"相对上一段"两个选项。"绝对"是根据当前用户坐标系 UCS 确定极轴追踪角度。"相对上一段"是根据上一段绘制线段确定极轴追踪角度。

■ 2.6.5　正交模式

正交模式可以保证绘制的直线完全成水平和垂直状态。用户可以通过以下方式打开正交模式：
◎ 单击状态栏中的"正交模式"按钮。
◎ 按 F8 键进行切换。

> **绘图技巧**
>
> 在 AutoCAD 中提供了全屏显示这一功能，利用该功能可以将图形尽可能地放大使用，并且只使用命令行，不受任何因素的干扰。
>
> 用户可以通过以下方式将绘图区全屏显示：
> ☆ 单击状态栏中的"全屏显示"按钮。
> ☆ 执行"视图"|"全屏显示"命令，或按 Ctrl+0 组合键。

■ 2.6.6　动态输入

使用动态输入功能可在光标处输入坐标值和命令等信息，而不必在命令行中进行输入。在 AutoCAD 中有两种动态输入方法：指针输入和标注输入。用户可通过单击状态栏上的"动态输入"按钮，即可打开或关闭该功能，如图 2-31 和图 2-32 所示。

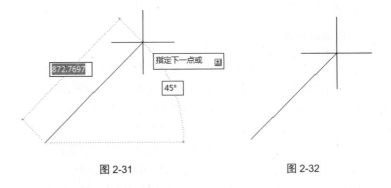

图 2-31　　　　　　　　　　　图 2-32

1. 启用动态输入

打开"草图设置"对话框的"动态输入"选项卡，选中"启用指针输入"复选框，即可启用指针输入功能。而在"指针输入"选项组中单击"设置"按钮，在打开的"指针输入设置"对话框中，便可根据需要设置指针的格式和可见性，如图 2-33 和图 2-34 所示。

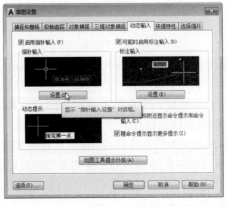

图 2-33

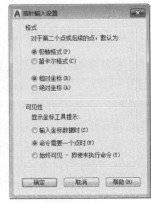

图 2-34

2. 启用标注输入

打开"草图设置"对话框的"动态输入"选项卡，选中"可能时启用标注输入"复选框，即可启用标注输入功能。在"标注输入"选项组中单击"设置"按钮，在打开的"标注输入的设置"对话框中，可以设置标注的可见性，如图2-35和图2-36所示。

图 2-35

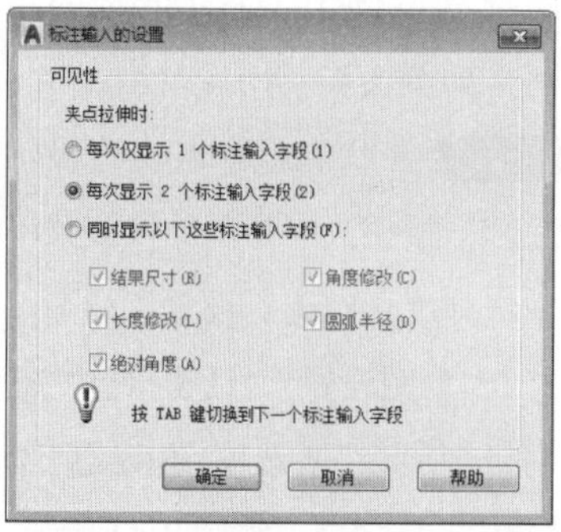

图 2-36

3. 显示动态提示

在"草图设置"对话框的"动态输入"选项卡中，选中"动态提示"选项组中的"在十字光标附近显示命令提示和命令输入"复选框，则可在光标附近显示命令提示。单击"绘图工具提示外观"按钮，在打开的"工具提示外观"对话框中，可以设置工具栏提示的颜色、大小、透明度以及应用范围，如图2-37和图2-38所示。

图 2-37

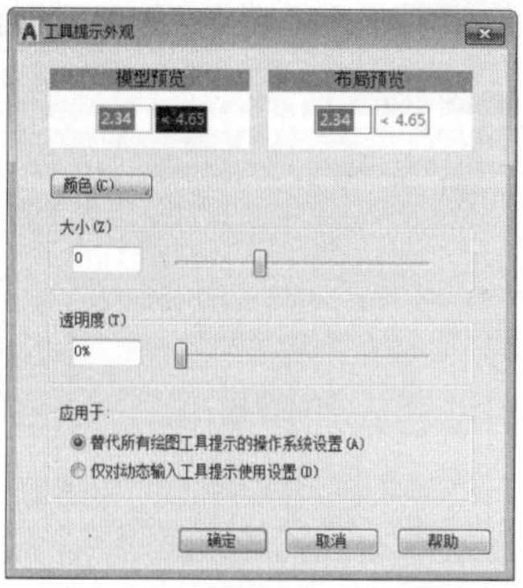

图 2-38

绘图技巧

动态输入也是一种命令调用方式，可以直接在绘图区的动态提示中输入命令，替代在命令行中输入命令，使用户更专注于绘图区的操作。

■ 实例：绘制燕尾槽立面图

下面利用对象捕捉、正交、极轴追踪等捕捉功能绘制燕尾槽立面图。具体操作方法介绍如下。

Step01 按 F8 键开启正交模式，执行"直线"命令，绘制尺寸为 50mm×35mm 的 U 形，如图2-39所示。

Step02 按 F3 键开启对象捕捉，选择"端点"捕捉点，继续执行"直线"命令，分别捕捉两端，绘制长度为 18mm 的直线，如图2-40所示。

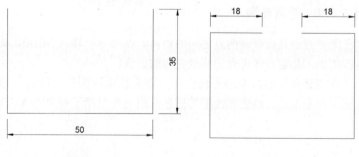

图 2-39

图 2-40

Step03 执行"偏移"命令，将底部线段向上偏移18mm的距离，如图2-41所示。

Step04 在状态栏中右击"极轴追踪"按钮，在弹出的快捷菜单中选择"正在追踪设置"命令，打开"草图设置"对话框，选中"启用极轴追踪"复选框，并设置"增量角"为60°，如图2-42所示。

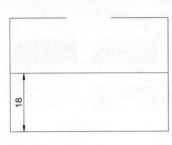

图 2-41

图 2-42

Step05 设置完毕后关闭对话框。执行"直线"命令，捕捉极轴辅助线，绘制两条线段，如图2-43所示。

Step06 执行"修剪"命令，修剪多余线条，如图2-44所示。

Step07 执行"直线"命令，捕捉中点，绘制长度为42mm的中心线。调整位置，完成燕尾槽立面图的绘制，如图2-45所示。

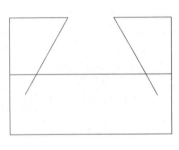

图 2-43

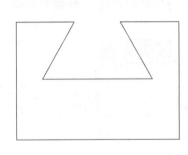

图 2-44

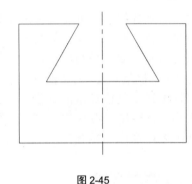

图 2-45

2.7 查询功能的使用

灵活地利用查询功能，可以快速、准确地获取图形的数据信息。它包括距离查询、半径查询、角度查询、面积/周长查询、面域/质量查询等。用户可以通过以下方式调用查询命令：

◎ 执行"工具"|"查询"命令的子命令。

◎ 执行"工具"|"工具栏"|AutoCAD|"查询"命令，在"查询"工具栏中单击相应按钮。

2.7.1 距离查询

距离查询是指查询两点之间的距离。在命令行输入MEASUREGEOM命令并按Enter键，根据命令行的提示指定点即可查询两点之间的距离。

在创建图形时，系统不仅会在屏幕上绘出该图形，同时还建立了关于该对象的一组数据，不仅包括了对象的层、颜色和线型等信息，而且还包括了对象的X、Y、Z坐标值等属性。

命令行提示如下：

命令：_MEASUREGEOM
输入选项 [距离 (D)/ 半径 ®/ 角度 (A)/ 面积 (AR)/ 体积 (V)] < 距离 >:_distance
指定第一点：
指定第二个点或 [多个点 (M)]:
距离 = 850.0000，XY 平面中的倾角 = 270， 与 XY 平面的夹角 = 0
X 增量 = 0.0000， Y 增量 = -850.0000， Z 增量 = 0.0000

如图 2-46 和图 2-47 所示为机械零件图的距离查询。

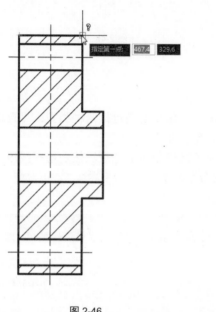

图 2-46

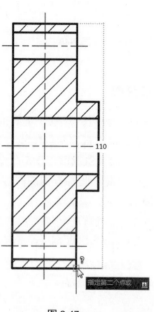

图 2-47

■ 2.7.2 半径查询

在绘制图形时，使用该命令可以查询圆弧、圆和椭圆的半径。用户可以通过以下方式调用"半径"查询命令：

◎ 执行"工具"|"查询"|"半径"命令。

◎ 在命令行输入 MEASUREGEOM 命令并按 Enter 键。

命令行提示如下：

命令：_MEASUREGEOM
输入选项 [距离 (D)/ 半径 (R)/ 角度 (A)/ 面积 (AR)/ 体积 (V)] < 距离 >:_radius
选择圆弧或圆：
半径 = 113.0000
直径 =226.0000
输入选项 [距离 (D)/ 半径 (R)/ 角度 (A)/ 面积 (AR)/ 体积 (V)/ 退出 (X)] < 半径 >:* 取消 *

如图 2-48 和图 2-49 所示为机械零件的半径查询。

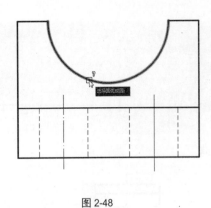
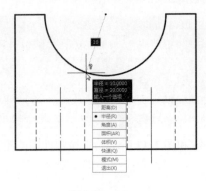

图 2-48   图 2-49

■ 2.7.3 角度查询

角度查询是指查询圆、圆弧、直线或顶点的角度。角度查询包括两种类型："查询两点虚线在 XY 平面内的夹角"和"查询两点虚线与 XY 平面内的夹角"。

在命令行输入 MEASUREGEOM 命令，按照提示选择相应的选项。然后选择线段，查询角度后按 Esc 键取消完成查询，此时查询的内容将显示在命令行中。

命令行的提示如下：

命令：_MEASUREGEOM

输入选项 [距离 (D)/ 半径 (R)/ 角度 (A)/ 面积 (AR)/ 体积 (V)] < 距离 >: _angle

选择圆弧、圆、直线或 < 指定顶点 >:

选择第二条直线：

角度 = 148°

输入选项 [距离 (D)/ 半径 (R)/ 角度 (A)/ 面积 (AR)/ 体积 (V)/ 退出 (X)] < 角度 >: * 取消 *

如图 2-50 和图 2-51 所示为机械零件的角度查询。

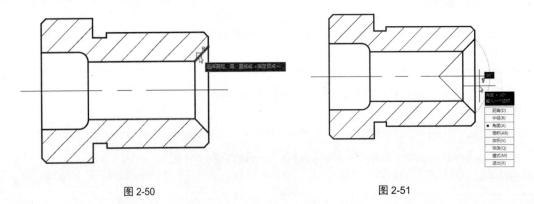

图 2-50   图 2-51

■ 2.7.4 面积 / 周长查询

在 AutoCAD 中，使用面积命令可以查询多边形区域的面积，或者指定对象围成区域的面积和周长。对于一些封闭的图形可以直接选择对象查询，对于由直线、圆弧等组成的封闭图形，就需要把组合成图形的点连接起来，形成封闭路径进行查询。

在命令行输入 MEASUREGEOM 命令，按照提示输入 area 命令，指定图形的顶点。查询后按 Esc 键取消。命令行的提示如下：

```
命令：_MEASUREGEOM
输入选项 [ 距离 (D)/ 半径 (R)/ 角度 (A)/ 面积 (AR)/ 体积 (V)] < 距离 >：_area
指定第一个角点或 [ 对象 (O)/ 增加面积 (A)/ 减少面积 (S)/ 退出 (X)] < 对象 (O)>：
指定下一个点或 [ 圆弧 (A)/ 长度 (L)/ 放弃 (U)]：
指定下一个点或 [ 圆弧 (A)/ 长度 (L)/ 放弃 (U)]：
指定下一个点或 [ 圆弧 (A)/ 长度 (L)/ 放弃 (U)/ 总计 (T)] < 总计 >：
指定下一个点或 [ 圆弧 (A)/ 长度 (L)/ 放弃 (U)/ 总计 (T)] < 总计 >：
区域 = 562500.0000，周长 = 3000.0000
输入选项 [ 距离 (D)/ 半径 (R)/ 角度 (A)/ 面积 (AR)/ 体积 (V)/ 退出 (X)] < 面积：* 取消 *
```

■ 2.7.5 面域 / 质量查询

面域和质量查询可以查询面域和实体的质量特性。用户可以通过以下方式调用"面域 / 质量查询"命令：

◎ 执行"工具"|"查询"|"面域 / 质量特性"命令。

◎ 执行"工具"|"工具栏"|AutoCAD|"查询"命令，打开"查询"工具栏，在工具栏中单击"面域 / 质量特性"按钮 ▢。

◎ 在命令行输入 MASSPROP 命令并按 Enter 键。

> **知识拓展**
>
> 除了以上几种查询方法，AutoCAD 还可以对创建图形的时间进行查询。只需在命令行输入 Time 命令，并按 Enter 键，即可打开 AutoCAD 文本窗口，在该窗口中生成一个报告，显示当前日期和时间、创建图形的日期和时间、上一次更新日期和时间等。

■ 综合实战：将 CAD 文件保存为 JPG 文件

绘制好的 CAD 图形文件，可根据用户需求将其保存为其他格式的文件，例如 PDF、JPG、DXF 等格式。下面将介绍如何将 CAD 文件保存为 JPG 文件格式的操作方法。

Step01 打开创建好的图形文件，如图 2-52 所示。

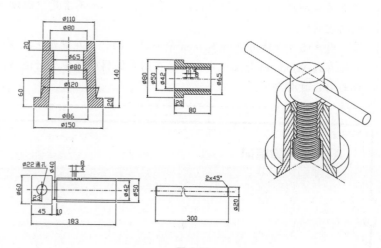

图 2-52

Step02 在命令行中输入 jpgout 命令，按 Enter 键确认，系统会打开"创建光栅文件"对话框，设置保存路径及文件名，如图 2-53 所示。

Step03 单击"保存"按钮，在绘图区中框选所需保存的图形区域，如图 2-54 所示。

Step04 选择完成后，按 Enter 键即可完成图形的保存操作，双击保存的图片即可查看，如图 2-55 所示。

图 2-53

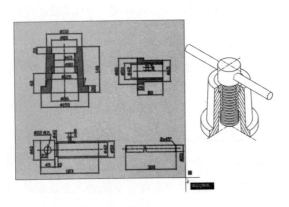

图 2-54

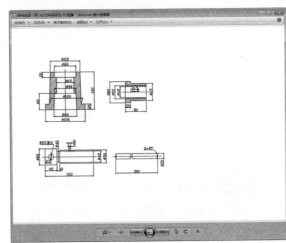

图 2-55

操作提示

　　除了以上操作外，还可以使用其他操作。例如在命令行中，输入 bmpout 命令后，选择所需保存区域即可。该方法的缺点是像素较低，显示不清楚。但该方法比较适合线条简单，仅为说明问题的场合。

　　用户还可以使用 Print Screen 命令进行操作。在键盘上按下该键后，即可将当前屏幕中的图形保存到 Windows 剪贴板中，其后在图片编辑软件中进行适当的剪裁，最后将剪裁后的图形保存为 JPG 文件即可。

ACAA课堂笔记

课后作业

一、填空题

1. 使用_____、_____、_____按键与其他字母或者按键组合，可以快速调用命令。
2. 打开和关闭正交模式可以按功能键_____。
3. 要捕捉矩形图形的中心点可以选择对象捕捉中的_____。

二、选择题

1. 重复使用刚执行的命令，按（　　）键。

    A. Ctrl
                    B. Alt

    C. Enter
                    D. Shift

2. 在空白处按住鼠标左键并拖动，能启用套索选择方式对对象进行选择，按空格键切换，下列不存在的方式是（　　）。

    A. 窗交
                    B. 窗口

    C. 栏选
                    D. 框选

3. 进行对象捕捉时，如果在一个指定的位置上包含多个对象符合捕捉条件，按（　　）键可以在不同对象间切换。

    A. Ctrl
                      B. Tab

    C. Alt
                    D. Shift

4. 栅格状态默认为开启，以下（　　）方法无法关闭该状态。

    A. 单击状态栏上的栅格按钮
        B. 将 Gridmode 变量设置为 1

    C. 输入命令 grid，按 Enter 键后再输入 off
    D. 以上均不正确

5. 使用极轴追踪绘图模式时，必须指定（　　）。

    A. 增量角
                      B. 基点

    C. 附加角
                    D. 长度

三、操作题

1. 绘制如图 2-56 所示的零件图。

本实例将利用对象捕捉功能，绘制该零件图形。

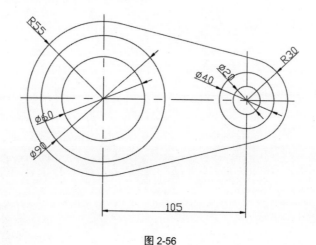

图 2-56

操作提示:

Step01 启动对象捕捉命令,勾选相关捕捉点。

Step02 利用"直线""圆"命令捕捉轴线的交点绘制图形。

2. 绘制如图 2-57 所示的零件图。

本实例将利用极轴追踪、正交模式以及对象捕捉功能绘制图形。

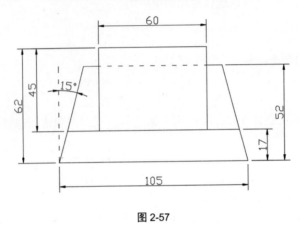

图 2-57

操作提示:

Step01 启动"极轴追踪"功能,设置增量角。

Step02 启动对象捕捉功能,勾选相关捕捉点。

Step03 利用"直线"命令绘制出图形。

第<3>章

绘制二维机械图形

内容导读

　　本章将介绍如何绘制二维机械图形，在 AutoCAD 机械工程设计中，任何复杂的图形都是由基本的二维图形所组成。本章针对 AutoCAD 中基本二维图形的绘制方法及技巧进行介绍，其中二维绘图命令在整个绘图过程中频繁使用。因此，熟练掌握 AutoCAD 基本二维图形的绘制是进行工程设计的基础。

学习目标

>> 掌握点的绘制方法

>> 掌握线段的绘制方法

>> 掌握曲线的绘制方法

>> 掌握矩形和多边形的绘制方法

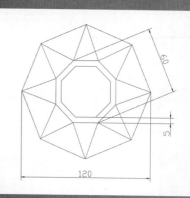

3.1 绘制点

在 AutoCAD 中，点是构成图形的基础，任何图形都是由无数点组成，点可以用来作为捕捉和移动对象的参照。用户可以使用多种方法创建点。在创建点之前，需要设置点的显示样式。下面将向用户介绍关于点设置的操作命令。

3.1.1 设置点样式

默认情况下，点在 AutoCAD 中是以圆点的形式显示的，用户也可以设置点的显示类型。执行"格式"|"点样式"命令，打开"点样式"对话框，即可从中选择相应的点样式，如图 3-1 所示。

同时，点的大小也可以自定义，若选中"相对于屏幕设置大小"单选按钮，则点大小是以绘图窗口为参照来显示。若选中"按绝对单位设置大小"单选按钮，则点大小是以实际单位的大小显示。

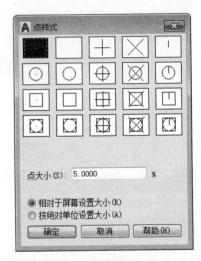

图 3-1

3.1.2 绘制点

点是组成图形的最基本实体对象，AutoCAD 为用户提供了单点和多点两种绘制点的方法，用户可以根据需要创建相应的点。下面将介绍单点或多点的绘制方法：

◎ 执行"绘图"|"点"|"单点（或多点）"命令，如图 3-2 所示。

◎ 在"默认"选项卡的"绘图"面板中单击"多点"按钮，如图 3-3 所示。

◎ 在命令行输入 POINT 命令并按 Enter 键。

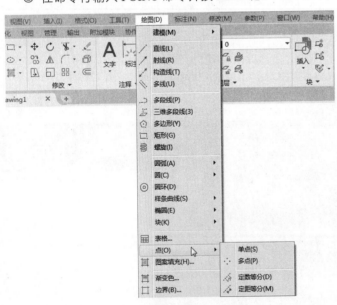

图 3-2

图 3-3

命令行的提示如下：

```
命令：_point
当前点模式：PDMODE=35 PDSIZE=20.0000
指定点：
```

3.1.3　定数等分

定数等分可以将图形按照固定的数值和相同的距离进行平均等分，在对象上按照平均分出的点的位置进行绘制，作为绘制的参考点。

在 AutoCAD 中，用户可以通过以下方式绘制定数等分点：

◎ 执行"绘图"|"点"|"定数等分"命令。

◎ 在"默认"选项卡的"绘图"面板中，单击"定数等分"按钮。

◎ 在命令行输入 DIVIDE 命令并按 Enter 键。

3.1.4　定距等分

定距等分是从某一端点按照指定的距离划分的点。被等分的对象在不可以被整除的情况下，等分对象的最后一段要比之前的距离短。

用户可以通过以下方式绘制定距等分点：

◎ 执行"绘图"|"点"|"定距等分"命令。

◎ 在"默认"选项卡的"绘图"面板中，单击"定距等分"按钮。

◎ 在命令行输入 MEASURE 命令并按 Enter 键。

3.2　绘制直线

线在图形中是基本的图形对象之一，许多复杂的图形都是由线组成，根据用途不同，线分为直线、射线、样条曲线等。下面将对常见的几种线类型进行介绍。

3.2.1　绘制直线

直线是各种绘图中简单、常用的一类图形对象。它既可以作为一条线段，也可以作为一系列相连的线段。绘制直线的方法非常简单，在绘图区内指定直线的起点和终点即可绘制一条直线。

用户可以通过以下方式调用"直线"命令：

◎ 执行"绘图"|"直线"命令。

◎ 在"默认"选项卡的"绘图"面板中单击"直线"按钮。

◎ 在命令行输入 LINE 命令并按 Enter 键。

命令行的提示如下：

```
命令：_line
指定第一个点：
指定下一点或 [ 放弃 (U)]:
```

■ 3.2.2　绘制射线

射线是从一端点出发向某一方向一直延伸的直线。射线是只有起始点没有终点的线段。在执行"射线"命令后，在绘图区指定起点，再指定射线的通过点即可绘制一条射线。

用户可以通过以下方式调用"射线"命令：

◎ 执行"绘图"|"射线"命令。

◎ 在"默认"选项卡的"绘图"面板中单击"射线"按钮 。

◎ 在命令行输入 RAY 命令并按 Enter 键。

执行"射线"命令后，在绘图区单击鼠标左键即可绘制射线，用户可重复进行绘制，如图3-4所示。命令行的提示如下：

```
命令：_ray 指定起点：
指定通过点：
指定通过点：
```

■ 3.2.3　绘制构造线

构造线在建筑制图中的应用与射线相同，都是起着辅助绘图的作用，而两者的区别在于，构造线是两端无限延长的直线，没有起点和终点；而射线则是一端无限延长，有起点无终点。

用户可以通过以下方式调用"构造线"命令：

◎ 执行"绘图"|"构造线"命令。

◎ 在"默认"选项卡的"绘图"面板中单击"构造线"按钮 。

◎ 在命令行输入 XLINE 命令并按 Enter 键。

命令行的提示如下：

```
命令：_xline
指定点或 [ 水平 (H)/ 垂直 (V)/ 角度 (A)/ 二等分 (B)/ 偏移 (O)]:
指定通过点：·
指定通过点：
```

执行"构造线"命令后，在绘图区单击鼠标左键即可绘制构造线，如图3-5所示。

AutoCAD 2020 机械设计课堂实录

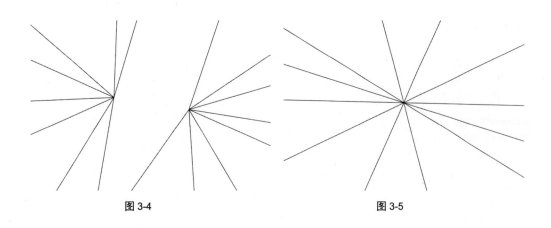

图 3-4

图 3-5

■ 3.2.4　绘制与编辑多线

多线是一种由平行线组成的图形，在工程设计中，多线的应用非常广泛，如规划设计中绘制道路、管道工程设计中绘制管道剖面等。

1. 设置多线样式

在 AutoCAD 软件中，可以创建和保存多线的样式或应用默认样式，还可以设置多线中每个元素的偏移和颜色，并能显示或隐藏多线转折处的边线。用户可通过以下方法进行设置。

Step01 执行"格式"|"多线样式"命令，打开"多线样式"对话框，如图 3-6 所示。

Step02 单击"新建"按钮，打开"创建新的多线样式"对话框，从中输入新样式名，如图 3-7 所示。

Step03 单击"继续"按钮，打开"新建多线样式：墙体"对话框，勾选起点和端点的封口类型为直线，设置图元的偏移距离及颜色，如图 3-8 所示。

Step04 设置完毕后单击"确定"按钮关闭该对话框，返回到"多线样式"对话框，在下方预览区可看到设置后的多线样式，单击"置为当前"按钮即可完成多线样式的设置，如图 3-9 所示。

图 3-6

图 3-7

图 3-8

图 3-9

2. 绘制多线

设置完多线样式后，就可以开始绘制多线。用户可以通过以下方式调用"多线"命令：

◎ 执行"绘图"|"多线"命令。

◎ 在命令行输入 MLINE 命令并按 Enter 键。

知识拓展

默认情况下，绘制多线的操作和绘制直线相似，若想更改当前多线的对齐方式、显示比例及样式等属性，可以在命令行中进行选择操作。

命令行的提示如下：

```
命令：MLINE
当前设置：对正 = 无，比例 = 20.00，样式 = STANDARD
指定起点或 [ 对正 (J)/ 比例 (S)/ 样式 (ST)]: j
输入对正类型 [ 上 (T)/ 无 (Z)/ 下 (B)] < 无 >: z
当前设置：对正 = 无，比例 = 20.00，样式 = STANDARD
指定起点或 [ 对正 (J)/ 比例 (S)/ 样式 (ST)]: s
输入多线比例 <20.00>: 240
当前设置：对正 = 无，比例 = 240.00，样式 = STANDARD
```

3. 编辑多线

多线绘制完毕后，通常都会需要对该多线进行修改编辑，才能达到预期的效果。在 AutoCAD 中，用户可以利用多线编辑工具对多线进行设置，如图 3-10 所示。在"多线编辑工具"对话框中可以编辑多线接口处的类型，用户可以通过以下方式打开该对话框：

◎ 执行"修改"|"对象"|"多线"命令。

◎ 在命令行输入 MLEDIT 命令并按 Enter 键。

图 3-10

■ 3.2.5 绘制与编辑多段线

多段线是由相连的直线或弧线组成，多段线具有多样性，它可以设置相同的宽度，也可以在一条线段中显示不同的线宽。

用户可以通过以下方式调用"多段线"命令：

◎ 执行"绘图"|"多段线"命令。

◎ 在"默认"选项卡的"绘图"面板中单击"多段线"按钮 。

◎ 在命令行输入 PLINE 命令并按 Enter 键。

■ 实例：绘制三角垫片图形

下面利用"圆""直线"等命令绘制一个三角垫片的平面图形。通过学习本案例，读者能够熟练掌握 AutoCAD 中如何使用"圆""直线"等命令，其具体操作步骤介绍如下。

Step01 开启极轴追踪功能，设置追踪角度为 60°，执行"绘图"|"直线"命令，绘制边长为 52mm

的等边三角形，如图 3-11 所示。

Step02 执行"修改"|"圆角"命令，根据命令行提示设置圆角半径为 5mm，对等边三角形的三个顶角进行圆角操作，如图 3-12 所示。

Step03 执行"绘图"|"圆"命令，捕捉圆角的圆心，绘制半径为 2mm 的圆，如图 3-13 所示。

图 3-11   图 3-12   图 3-13

Step04 执行"绘图"|"直线"命令，以半径 2mm 圆的圆心为中点绘制两条长 8mm 的相交直线，如图 3-14 所示。

Step05 执行"修改"|"复制"命令，捕捉圆心复制图形，如图 3-15 所示。

Step06 执行"标注"|"线性"命令，对三角垫片进行尺寸标注，完成三角垫片的绘制，如图 3-16 所示。

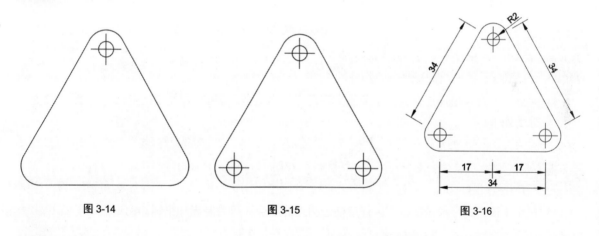

图 3-14   图 3-15   图 3-16

3.3 绘制曲线

曲线包括圆、圆弧、椭圆等，这些曲线在机械制图中，同样也是常用的命令之一。下面将向用户介绍其操作方法。

3.3.1 绘制圆

圆是常用的基本图形之一，要创建圆，可以指定圆心，输入半径值，也可以用任意半径长度绘制。用户可以通过以下方式调用"圆"命令：

◎ 执行"绘图"|"圆"命令的子命令，如图 3-17 所示。

◎ 在"默认"选项卡的"绘图"面板中单击"圆"按钮 ⊙，选择绘制圆的方式，可以单击"圆"按钮下的三角符号 ▼，从打开的下拉菜单中进行选择，如图 3-18 所示。

◎ 在命令行输入 C 命令并按 Enter 键。

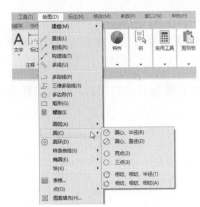
图 3-17

图 3-18

AutoCAD 为用户提供了 6 种绘制圆的方式，包括圆心，半径、圆心，直径、两点、三点、相切，相切，半径、相切，相切，相切。

◎ 圆心，半径：该方式需要先确定圆心位置，然后输入半径值或者直径值，即可绘制出圆形。命令行提示如下：

```
命令:_circle
指定圆的圆心或 [ 三点 (3P)/ 两点 (2P)/ 切点、切点、半径 (T)]:
指定圆的半径或 [ 直径 (D)]<500>:
```

◎ 圆心，直径：该方式是通过指定圆心位置和直径值进行绘制，与圆心，半径的绘制方式类似。命令行提示如下：

```
命令:_circle
指定圆的圆心或 [ 三点 (3P)/ 两点 (2P)/ 切点、切点、半径 (T)]:
指定圆的半径或 [ 直径 (D)]<500.0000>:_d 指定圆的直径 <1000.0000>:
```

◎ 两点：该方式是通过在绘图区随意指定两点作为直径两侧的端点，来绘制出一个圆。命令行提示如下：

```
命令:_circle
指定圆的圆心或 [ 三点 (3P)/ 两点 (2P)/ 切点、切点、半径 (T)]:_2p 指定圆直径的第一个端点 :
指定圆直径的第二个端点 :
```

◎ 三点：该方式是通过在绘图区任意指定圆上的三点即可绘制出一个圆。命令行提示如下：

```
命令:_circle
指定圆的圆心或 [ 三点 (3P)/ 两点 (2P)/ 切点、切点、半径 (T)]:_3p 指定圆上的第一个点 :
指定圆上的第二个点 :
指定圆上的第三个点 :
```

◎ 相切，相切，半径：该方式需要指定图形对象的两个相切点，再输入半径值即可绘制圆。命令行提示如下：

```
命令:_circle
指定圆的圆心或 [ 三点 (3P)/ 两点 (2P)/ 切点、切点、半径 (T)]:_ttr
指定对象与圆的第一个切点 :
指定对象与圆的第二个切点 :
指定圆的半径 <1109.2209>:
```

◎ 相切，相切，相切：该方式需要指定已有图形对象的三个点作为圆的相切点，即可绘制一个与该图形相切的圆。命令行提示如下：

```
命令 :_circle
指定圆的圆心或 [ 三点 (3P)/ 两点 (2P)/ 切点、切点、半径 (T)]:_3p 指定圆上的第一个点 :_tan 到
指定圆上的第二个点 :_tan 到
指定圆上的第三个点 :_tan 到
```

■ 3.3.2 绘制圆弧

绘制圆弧的方法有很多种，默认情况下，绘制圆弧需要三点：圆弧的起点、圆弧上的点和圆弧的端点。

用户可以通过以下方式调用"圆弧"命令：

◎ 执行"绘图"|"圆弧"命令的子命令，如图3-19所示。

◎ 在"默认"选项卡的"绘图"面板中单击"圆弧"按钮，选择绘制圆弧的方式，可以单击"圆弧"按钮下的小三角符号 ▼ ，在弹出的下拉菜单中选择相应命令，如图3-20所示。

◎ 在命令行输入 ARC 命令并按 Enter 键。

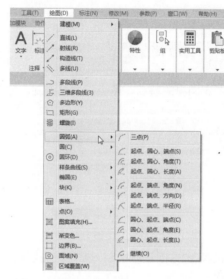

图 3-19

图 3-20

AutoCAD 为用户提供了 11 种绘制圆弧的方式，包括三点、起点，圆心，端点、起点，圆心，角度、起点，圆心，长度、起点，端点，角度、起点，端点，方向、起点，端点，半径、圆心，起点，端点、圆心，起点，角度、圆心，起点，长度、连续。

◎ 三点：该方式是通过指定三个点来创建一条圆弧曲线，第一个点为圆弧的起点，第二个点为圆弧上的点，第三个点为圆弧的端点。命令行提示如下：

```
命令 :_arc
指定圆弧的起点或 [ 圆心 (C)]:
指定圆弧的第二个点或 [ 圆心 (C)/ 端点 (E)]:
指定圆弧的端点 :
```

◎ 起点，圆心，端点：指定圆弧的起点、圆心和端点绘制。命令行提示如下：

```
命令 :_arc
指定圆弧的起点或 [ 圆心 (C)]:
指定圆弧的第二个点或 [ 圆心 (C)/ 端点 (E)]:_c
指定圆弧的圆心 :
指定圆弧的端点 ( 按住 Ctrl 键以切换方向 ) 或 [ 角度 (A)/ 弦长 (L)]:
```

◎ 起点 , 圆心 , 角度：指定圆弧的起点、圆心和角度绘制。命令行提示如下：

```
命令：_arc
指定圆弧的起点或 [ 圆心 (C)]:
指定圆弧的第二个点或 [ 圆心 (C)/ 端点 (E)]: _c
指定圆弧的圆心 :
指定圆弧的端点 ( 按住 Ctrl 键以切换方向 ) 或 [ 角度 (A)/ 弦长 (L)]: _a
指定夹角 ( 按住 Ctrl 键以切换方向 ):
```

◎ 起点 , 圆心 , 长度：所指定的弦长不可以超过起点到圆心距离的两倍。命令行提示如下：

```
命令：_arc
指定圆弧的起点或 [ 圆心 (C)]:
指定圆弧的第二个点或 [ 圆心 (C)/ 端点 (E)]: _c
指定圆弧的圆心 :
指定圆弧的端点 ( 按住 Ctrl 键以切换方向 ) 或 [ 角度 (A)/ 弦长 (L)]: _l
指定弦长 ( 按住 Ctrl 键以切换方向 ):
```

◎ 起点 , 端点 , 角度：指定圆弧的起点、端点和角度绘制。命令行提示如下：

```
命令：_arc
指定圆弧的起点或 [ 圆心 (C)]:
指定圆弧的第二个点或 [ 圆心 (C)/ 端点 (E)]: _e
指定圆弧的端点 :
指定圆弧的中心点 ( 按住 Ctrl 键以切换方向 ) 或 [ 角度 (A)/ 方向 (D)/ 半径 (R)]: _a
指定夹角 ( 按住 Ctrl 键以切换方向 ):
```

◎ 起点 , 端点 , 方向：指定圆弧的起点、端点和方向绘制。首先指定起点和端点，这时鼠标指
定方向，圆弧会根据指定的方向进行绘制。指定方向后单击鼠标左键，即可完成圆弧的绘制。
命令行提示如下：

```
命令：_arc
指定圆弧的起点或 [ 圆心 (C)]:
指定圆弧的第二个点或 [ 圆心 (C)/ 端点 (E)]: _e
指定圆弧的端点 :
指定圆弧的中心点 ( 按住 Ctrl 键以切换方向 ) 或 [ 角度 (A)/ 方向 (D)/ 半径 (R)]: _d
指定圆弧起点的相切方向 ( 按住 Ctrl 键以切换方向 ):
```

◎ 起点 , 端点 , 半径：指定圆弧的起点、端点和半径绘制，绘制完成的圆弧的半径是指定的半
径长度。命令行提示如下：

```
命令：_arc
指定圆弧的起点或 [ 圆心 (C)]:
指定圆弧的第二个点或 [ 圆心 (C)/ 端点 (E)]: _e
指定圆弧的端点 :
指定圆弧的中心点 ( 按住 Ctrl 键以切换方向 ) 或 [ 角度 (A)/ 方向 (D)/ 半径 (R)]: _r
指定圆弧的半径 ( 按住 Ctrl 键以切换方向 ):
```

◎ 圆心，起点，端点：首先指定圆弧的圆心再指定起点和端点绘制。命令行提示如下：

```
命令：_arc
指定圆弧的起点或 [ 圆心 (C)]: _c
指定圆弧的圆心 :
指定圆弧的起点 :
指定圆弧的端点 ( 按住 Ctrl 键以切换方向 ) 或 [ 角度 (A)/ 弦长 (L)]:
```

◎ 圆心，起点，角度：指定圆弧的圆心、起点和角度绘制。命令行提示如下：

```
命令：_arc
指定圆弧的起点或 [ 圆心 (C)]: _c
指定圆弧的圆心 :
指定圆弧的起点 :
指定圆弧的端点 ( 按住 Ctrl 键以切换方向 ) 或 [ 角度 (A)/ 弦长 (L)]: _a
指定夹角 ( 按住 Ctrl 键以切换方向 ):
```

◎ 圆心，起点，长度：指定圆弧的圆心、起点和长度绘制。命令行提示如下：

```
命令：_arc
指定圆弧的起点或 [ 圆心 (C)]: _c
指定圆弧的圆心 :
指定圆弧的起点 :
指定圆弧的端点 ( 按住 Ctrl 键以切换方向 ) 或 [ 角度 (A)/ 弦长 (L)]: _l
指定弦长 ( 按住 Ctrl 键以切换方向 ):
```

◎ 连续：使用该方法绘制的圆弧将与最后一个创建的对象相切。命令行提示如下：

```
命令：_arc
指定圆弧的起点或 [ 圆心 (C)]:
指定圆弧的端点 ( 按住 Ctrl 键以切换方向 ):
```

注意事项

　　带有起点和端点的圆弧绘制方式，默认是按逆时针绘制的。用户如果觉得不顺手，也可以利用 NUITS 命令将默认方向改为顺时针。

■ 3.3.3　绘制椭圆

　　椭圆是由一条较长的轴和一条较短的轴定义而成。用户可以通过以下方式调用"椭圆"命令：
　　◎ 执行 "绘图" | "椭圆" 命令的子命令，如图 3-21 所示。
　　◎ 在 "默认" 选项卡的 "绘图" 面板中单击 "椭圆" 按钮 ⊙，选择绘制椭圆的方式，可以单击 "椭圆" 按钮下的小三角符号 ▼ ，在弹出的下拉菜单中选择相应命令，如图 3-22 所示。
　　◎ 在命令行输入 ELLIPSE 命令并按 Enter 键。

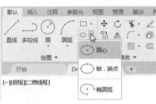

图 3-21   图 3-22

AutoCAD 为用户提供了 3 种绘制椭圆的方式，包括圆心、轴，端点、椭圆弧，下面将对各绘制方式逐一进行介绍：

◎ 圆心：该模式是指定一个点作为椭圆曲线的圆心点，然后再分别指定椭圆曲线的长半轴长度和短半轴长度。命令行提示如下：

```
命令：_ellipse
指定椭圆的轴端点或 [ 圆弧 (A)/ 中心点 (C)]: _c
指定椭圆的中心点：
指定轴的端点：
指定另一条半轴长度或 [ 旋转 (R)]:
```

◎ 轴，端点：该模式是指定一个点作为椭圆曲线半轴的起点，指定第二个点为长半轴（或短半轴）的端点，指定第三个点为短半轴（或长半轴）的半径点。命令行提示如下：

```
命令：_ellipse
指定椭圆的轴端点或 [ 圆弧 (A)/ 中心点 (C)]:
指定轴的另一个端点：
指定另一条半轴长度或 [ 旋转 (R)]:
```

◎ 椭圆弧：该模式的创建方法与轴、端点的创建方式相似。使用该方法创建的椭圆可以是完整的椭圆，也可以是其中的一段圆弧。命令行提示如下：

```
命令：_ellipse
指定椭圆的轴端点或 [ 圆弧 (A)/ 中心点 (C)]: _a
指定椭圆弧的轴端点或 [ 中心点 (C)]:
指定轴的另一个端点：
指定另一条半轴长度或 [ 旋转 (R)]:
指定起点角度或 [ 参数 (P)]:
指定端点角度或 [ 参数 (P)/ 夹角 (I)]:
```

> **知识点拨**
>
> 椭圆弧的起点和端点角度以左侧象限点为 0° 起点，按逆时针旋转至右侧象限点为 180°，旋转至 360° 即与 0° 起点重合。

■ 3.3.4 绘制圆环

圆环是由两个同心圆组成的组合图形。在绘制圆环时，应首先指定圆环的内径、外径，然后再指定圆环的中心点即可完成圆环的绘制，如图 3-23 所示。

用户可以通过以下方式调用"圆环"命令：

◎ 执行"绘图"|"圆环"命令。

◎ 在"默认"选项卡的"绘图"面板中单击"圆环"按钮 ◎。

◎ 在命令行输入 DONUT 命令并按 Enter 键。

命令行提示如下：

图 3-23

```
命令：
DONUT
指定圆环的内径 <228.0181>: 100
指定圆环的外径 <1.0000>: 120
指定圆环的中心点或 < 退出 >:
指定圆环的中心点或 < 退出 >: * 取消 *
```

> **知识拓展**
>
> 绘制完一个圆环后，可以继续指定中心点的位置，来绘制相同大小的多个圆环，然后直接按 Esc 键退出操作。

■ 3.3.5 绘制样条曲线

样条曲线是经过或接近影响曲线形状的一系列点的平滑曲线。用户可以通过以下方式调用"样条曲线"命令：

◎ 在"默认"选项卡的"绘图"面板中单击"样条曲线拟合"按钮 ～ 或"样条曲线控制点"按钮 ～。

◎ 在命令行输入 SPLINE 命令并按 Enter 键。

绘制样条曲线分为样条曲线拟合和样条曲线控制点两种方式。图 3-24 所示为拟合绘制的曲线，图 3-25 所示为控制点绘制的曲线。

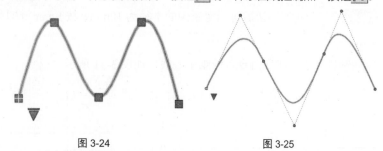

图 3-24   图 3-25

> **知识拓展**
>
> 选中样条曲线，在出现的夹点中可编辑样条曲线。
>
> 单击夹点中三角符号可进行类型切换，如图 3-26 所示。
>
>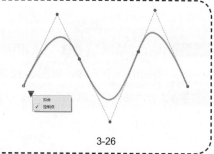
>
> 3-26

3.3.6　绘制修订云线

修订云线由圆弧组成，用于圈阅标记图形的某个部分，可以使用亮色，提醒用户改正错误，分为矩形、多边形以及徒手画3种绘图方式。

用户可以通过以下方式调用"修订云线"命令：

◎ 执行"绘图"|"修订云线"命令。

◎ 在"默认"选项卡的"绘图"面板中单击"修订云线"按钮🔲，选择绘制修订云线的方式，可以单击"修订云线"按钮下的小三角符号 ▾，在弹出的下拉菜单中选择相应命令，如图 3-27 所示。

◎ 在命令行输入 REVCLOUD 命令并按 Enter 键。

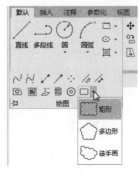

图 3-27

■ 实例：绘制手柄图形

下面利用"圆""多段线"等命令绘制一个手柄的平面图形。通过学习本案例，读者能够熟练掌握 AutoCAD 中如何使用"圆""多段线"等命令，其具体操作步骤介绍如下。

Step01 执行"绘图"|"圆"命令，绘制半径为 20mm 的圆，如图 3-28 所示。

Step02 按 F11 键开启对象捕捉追踪，执行"绘图"|"圆"命令，将鼠标移动到圆心并沿 X 轴向右移动以指定圆心距离，这里输入移动距离 125mm，如图 3-29 所示。

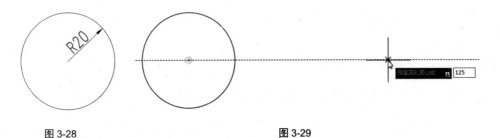

图 3-28　　　　　　　　　　　　　　图 3-29

Step03 按 Enter 键确认后再指定新圆的半径为 10mm，按 Enter 键即可完成第二个圆的绘制，如图 3-30 所示。

Step04 执行"直线"命令，绘制中心线，如图 3-31 所示。

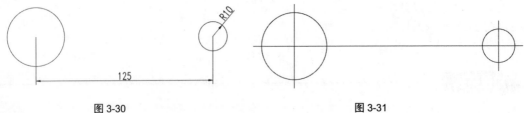

图 3-30　　　　　　　　　　　　　　图 3-31

Step05 执行"绘图"|"圆"|"相切，相切，半径"命令，捕捉两个圆上的相切点，并输入半径为 80mm，绘制出一个大圆，如图 3-32 所示。

Step06 执行"修改"|"圆角"命令，设置圆角半径为 40mm，分别选择两个相切的圆，创建出相切弧线，如图 3-33 所示。

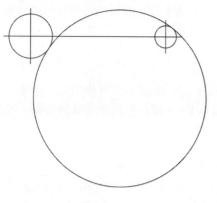

图 3-32

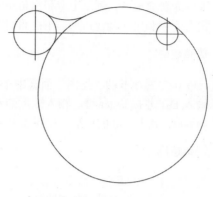

图 3-33

Step07 执行"修改"|"修剪"命令，修剪图形，如图 3-34 所示。

Step08 执行"修改"|"偏移"命令，偏移中心线，尺寸如图 3-35 所示。

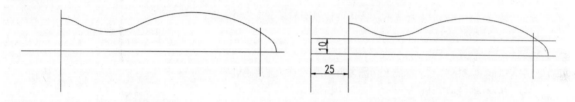

图 3-34

图 3-35

Step09 执行"修改"|"修剪"命令，修剪并删除多余的线条，如图 3-36 所示。

Step10 执行"修改"|"镜像"命令，镜像复制图形，完成手柄图形的绘制，如图 3-37 所示。

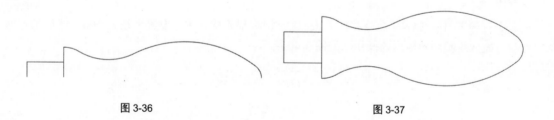

图 3-36

图 3-37

3.4 绘制矩形和多边形

矩形和多边形是基本的几何图形，其中，多边形包括三角形、四边形、五边形和其他多边形等。下面就分别对其操作进行介绍。

■ 3.4.1 绘制矩形

矩形是常用的几何图形之一，用户可以通过以下方式调用"矩形"命令：

◎ 执行"绘图"|"矩形"命令。

◎ 在"默认"选项卡的"绘图"面板中单击"矩形"按钮 □。

◎ 在命令行输入 RECTANG 命令并按 Enter 键。

矩形分为普通矩形、倒角矩形和圆角矩形几种，用户可以随意指定矩形的两个对角点创建矩形，也可以指定面积和尺寸创建矩形。下面将对其绘制方法进行介绍。

1. 普通矩形

在"默认"选项卡的"绘图"面板中单击"矩形"按钮□。在任意位置指定第一个角点，再根据提示输入 D，并按 Enter 键，输入矩形的长度和宽度后按 Enter 键，然后单击鼠标左键，即可绘制一个长为 600、宽为 400 的矩形，如图 3-38 所示。

2. 倒角矩形

执行"绘图"|"矩形"命令。根据命令行提示输入 C，输入倒角距离为 80，再输入长度和宽度分别为 600 和 400，单击鼠标左键即可绘制倒角矩形，如图 3-39 所示。

命令行提示如下：

```
命令：_rectang
当前矩形模式：倒角 =80.0000 x 60.0000
指定第一个角点或 [ 倒角 (C)/ 标高 (E)/ 圆角 (F)/ 厚度 (T)/ 宽度 (W)]: c
指定矩形的第一个倒角距离 <80.0000>: 80
指定矩形的第二个倒角距离 <60.0000>: 80
指定第一个角点或 [ 倒角 (C)/ 标高 (E)/ 圆角 (F)/ 厚度 (T)/ 宽度 (W)]:
指定另一个角点或 [ 面积 (A)/ 尺寸 (D)/ 旋转 (R)]: d
指定矩形的长度 <10.0000>: 600
指定矩形的宽度 <10.0000>: 400
指定另一个角点或 [ 面积 (A)/ 尺寸 (D)/ 旋转 (R)]:
```

3. 圆角矩形

在命令行输入 RECTANG 命令并按 Enter 键。根据提示输入 F，设置半径为 100，然后指定两个对角点即可完成绘制圆角矩形的操作，如图 3-40 所示。

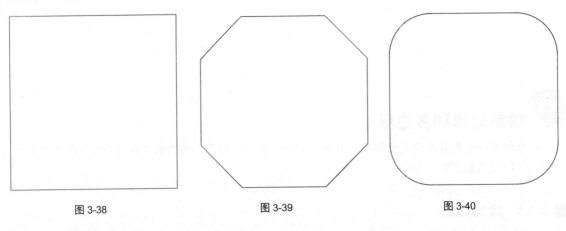

图 3-38   图 3-39   图 3-40

命令行提示如下：

```
命令：_rectang
指定第一个角点或 [ 倒角 (C)/ 标高 (E)/ 圆角 (F)/ 厚度 (T)/ 宽度 (W)]: f
指定矩形的圆角半径 <0.0000>: 100
```

指定第一个角点或 [倒角 (C)/ 标高 (E)/ 圆角 (F)/ 厚度 (T)/ 宽度 (W)]:
指定另一个角点或 [面积 (A)/ 尺寸 (D)/ 旋转 (R)]:

绘图技巧

用户也可以设置矩形的宽度，执行"绘图"|"矩形"命令。根据提示输入 W，再输入线宽的数值，指定两个对角点即可绘制一个有宽度的矩形，如图 3-41 所示。

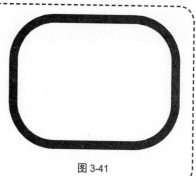

图 3-41

3.4.2 绘制多边形

多边形是指三条或三条以上长度相等的线段组成的闭合图形。默认情况下，多边形的边数为 4。用户可以通过以下方式调用"多边形"命令：

◎ 执行"绘图"|"多边形"命令。

◎ 在"默认"选项卡的"绘图"面板中单击"矩形"按钮的小三角符号 ▭ ▾，在弹出的下拉菜单中单击"多边形"按钮 ⬠。

◎ 在命令行输入 POLYGON 命令并按 Enter 键。

绘制多边形时分为内接圆和外接圆两个方式，内接圆就是多边形在一个虚构的圆外。外接圆就是多边形在一个虚构的圆内，下面将对其相关内容进行介绍。

1. 内接于圆

在命令行输入 POLYGON 并按 Enter 键，根据提示设置多边形的边数、内切和半径。设置完成后效果如图 3-42 所示。

命令行提示如下：

```
命令 : POLYGON
输入侧面数 <7>: 5
指定正多边形的中心点或 [ 边 (E)]:
输入选项 [ 内接于圆 (I)/ 外切于圆 (C)] <I>: i
指定圆的半径 : 80
```

2. 外接于圆

在命令行输入 POLYGON 并按 Enter 键，根据提示设置多边形的边数、内切和半径。设置完成后效果如图 3-43 所示。

命令行提示如下：

```
命令 : POLYGON
输入侧面数 <7>: 5
```

指定正多边形的中心点或 [边 (E)]:
输入选项 [内接于圆 (I)/ 外切于圆 (C)] <I>: c
指定圆的半径 : 80

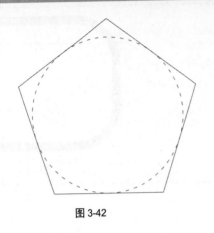

图 3-42

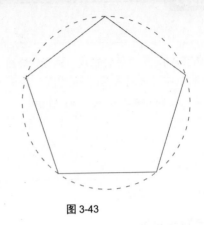

图 3-43

■ 实例：绘制螺母图形

　　下面利用"圆""多边形"命令绘制一个螺母图形的平面图形。通过学习本案例，读者能够熟练掌握 AutoCAD 中如何使用"圆""多边形"命令，其具体操作步骤如下。

Step01 执行"绘图"|"直线"命令，绘制两条相交的中心线，设置线型比例为 0.1，如图 3-44 所示。

Step02 执行"绘图"|"正多边形"命令，根据命令行提示设置侧面数为 6，选择外切于圆，指定圆半径 10mm，如图 3-45 所示。

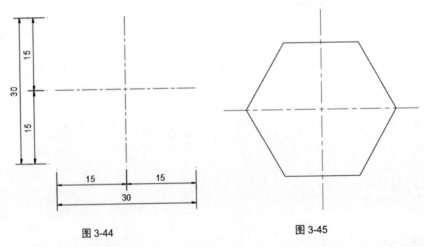

图 3-44

图 3-45

Step03 执行"绘图"|"圆"命令，捕捉中心线的交点，绘制半径为 5mm 和 10mm 的同心圆，如图 3-46 所示。

Step04 执行"标注"|"线性"命令，对螺母图形进行尺寸标注，完成螺母图形的绘制，如图 3-47 所示。

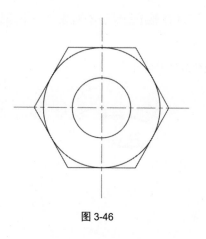

图 3-46

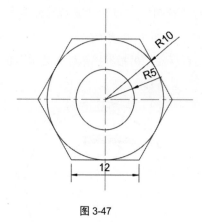

图 3-47

■ 课后实战：绘制轴承盖图形

在学习了本章知识内容后，接下来通过具体案例练习来巩固所学的知识，以做到学以致用。本例的图形主要利用了定数等分、直线、圆等命令进行绘制，下面介绍绘制方法。

Step01 执行"绘图"|"直线"命令，绘制两条长度为 150mm 的相互垂直的直线，如图 3-48 所示。

Step02 执行"绘图"|"圆"命令，捕捉直线交点，绘制 3 个半径分别为 35mm、57.5mm、65mm 的同心圆，如图 3-49 所示。

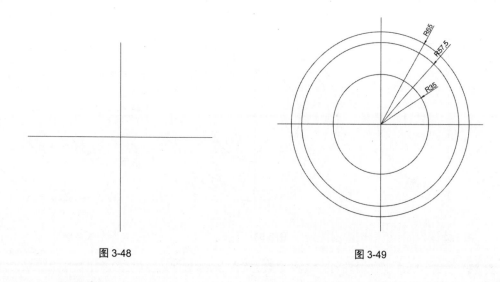

图 3-48

图 3-49

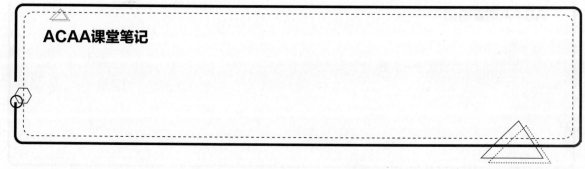

ACAA课堂笔记

Step03 执行"绘图"|"点"|"定数等分"命令，根据提示选择要定数等分的对象，这里选择半径为57.5mm的圆，如图 3-50 所示。

Step04 单击鼠标后，再根据提示输入要等分的数量，如图 3-51 所示。

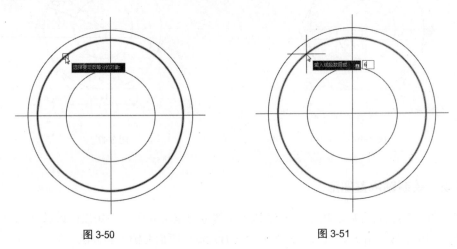

图 3-50   图 3-51

Step05 按 Enter 键即可将其等分为 6 份，如图 3-52 所示。

Step06 执行"绘图"|"圆"命令，捕捉节点，绘制 6 个半径为 4.5mm 的圆，如图 3-53 所示。

Step07 调整轴线的线型，完成轴承盖图形的绘制，如图 3-54 所示。

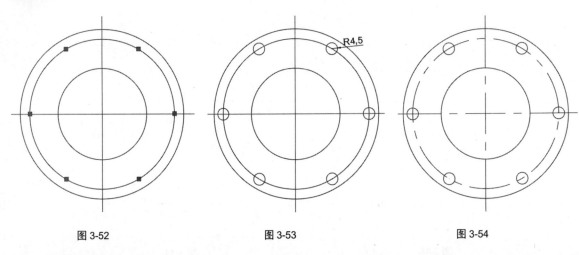

图 3-52   图 3-53   图 3-54

ACAA课堂笔记

课后作业

一、填空题

1. 用户可以在_____对话框中，设置点的样式。
2. 在 AutoCAD 中，绘制多边形有_____和_____两种方式。
3. 在 AutoCAD 中，绘制椭圆有_____和_____两种方式。

二、选择题

1. 利用"直线"命令绘制一个矩形，该矩形中有（　　　）个图元实体。
   A. 1   B. 2
   C. 3   D. 4
2. 系统默认的多段线快捷命令别名是（　　　）。
   A. p   B. D
   C. pli   D. pl
3. 执行"样条曲线"命令后，下列（　　　）选项用来输入曲线的偏差值。值越大，曲线离指定的点越远；值越小，曲线离指定的点越近。
   A. 闭合   B. 端点切向
   C. 拟合公差   D. 起点切向
4. 圆环是填充环或实体填充圆,即带有宽度的闭合多段线,用"圆环"命令创建圆环对象时（　　　）。
   A. 必须指定圆环圆心
   B. 圆环内径必须大于 0
   C. 外径必须大于内径
   D. 运行一次"圆环"命令只能创建一个圆环对象

三、操作题

1. 绘制如图 3-55 所示的机械图形。
本实例将利用"多边形"、"直线"等绘图命令，绘制机械图形。

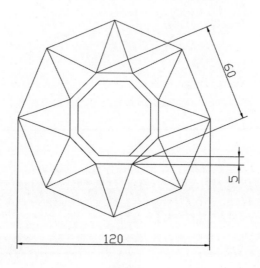

图 3-55

操作提示：

Step01 执行"多边形"命令，绘制出内部正八边形。

Step02 执行"直线"命令绘制角形。

2. 绘制如图 3-56 所示的机械图形。

本实例将运用"圆"、"直线"等命令，根据图中的尺寸，绘制图形。

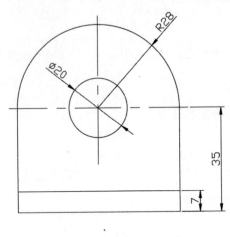

图 3-56

操作提示：

Step01 执行"圆"命令，绘制出图形轮廓。

Step02 执行"直线"和"修剪"命令，对图形进行调整。

第 4 章

编辑二维机械图形

内容导读

本章将介绍二维图形的编辑。在使用 AutoCAD 绘制图形的过程中，通过对基础二维图形的编辑修改可以更准确地表达图形的结构形状。其次，通过对二维图形的位置、角度进行调整可方便地对图形进行定位。通过本章的学习，可掌握 AutoCAD 的常用编辑工具，帮助用户快速地熟悉二维图形的编辑操作。

学习目标

>> 掌握二维编辑工具的使用

>> 熟悉修订云线和样条曲线的编辑

>> 掌握图形图案的填充

4.1 编辑图形

通过编辑图形，用户可以在绘图过程中随时根据需要调整图形对象的外部特征和位置，从而能够迅速、准确地绘制出各种复杂的图形。

4.1.1 移动图形

移动图形对象可以将图形对象从当前位置移动到新的位置，用户可以通过以下方式进行移动操作：

◎ 执行"修改"|"移动"命令。

◎ 在"默认"选项卡的"修改"面板中单击"移动"按钮✛。

◎ 在命令行输入 MOVE 命令并按 Enter 键。

移动图形后，命令行提示如下：

```
命令：_move
选择对象：找到 1 个
选择对象：
指定基点或 [ 位移 (D)] < 位移 >:
指定第二个点或 < 使用第一个点作为位移 >:
```

还有一种方法就是利用中心夹点移动图形。选择图形后，单击图形中心夹点，根据命令行提示输入命令 c，按 Enter 键确定后即可指定新图形的中心点，命令行提示如下：

```
命令：指定对角点或 [ 栏选 (F)/ 圈围 (WP)/ 圈交 (CP)]:
命令：
** 拉伸 **
指定拉伸点或 [ 基点 (B)/ 复制 (C)/ 放弃 (U)/ 退出 (X)]: c
** 拉伸 ( 多重 ) **
指定拉伸点或 [ 基点 (B)/ 复制 (C)/ 放弃 (U)/ 退出 (X)]:
```

> **知识拓展**
>
> 通过选择并移动夹点，可以将对象拉伸或移动到新的位置。对于某些夹点，移动时只能移动对象而不能拉伸，如文字、块、直线中点、圆心、椭圆中心点、圆弧圆心和点对象上的夹点。

4.1.2 复制图形

任何一份工程制图都含有许多相同的图形对象，它们的不同只是位置上的不同。AutoCAD 提供了复制命令，可以将任何复杂的图形复制到视图中任意位置。用户可以通过以下方式进行复制操作：

◎ 执行"修改"|"复制"命令。

◎ 在"默认"选项卡的"修改"面板中单击"复制"按钮🖧。

◎ 在命令行输入 COPY 命令并按 Enter 键。

命令行提示如下：

```
命令：_copy
选择对象：找到 1 个
```

选择对象：

当前设置：复制模式 = 多个

指定基点或 [位移 (D)/ 模式 (O)] < 位移 >：

指定第二个点或 [阵列 (A)] < 使用第一个点作为位移 >：

指定第二个点或 [阵列 (A)/ 退出 (E)/ 放弃 (U)] < 退出 >：

4.1.3 旋转图形

旋转图形是指将图形按照指定的角度进行旋转，用户可以用以下方式旋转图形：

◎ 执行"修改"|"旋转"命令。

◎ 在"默认"选项卡的"修改"面板中单击"旋转"按钮↻。

◎ 在命令行输入 ROTATE 命令并按 Enter 键。

命令行提示如下：

命令：_rotate

UCS 当前的正角方向：ANGDIR= 逆时针 ANGBASE=0

选择对象：找到 1 个

选择对象：

指定基点：

指定旋转角度，或 [复制 (C)/ 参照 (R)] <0>：

4.1.4 镜像图形

在机械图形中，对称图形是非常常见的，在绘制好图形后，若使用镜像命令操作，即可得到一个方向相反的相同图形，用户可以利用以下方法调用"镜像"命令：

◎ 执行"修改"|"镜像"命令。

◎ 在"默认"选项卡的"修改"面板中单击"镜像"按钮⚠。

◎ 在命令行输入 MIRROR 命令并按 Enter 键。

命令行提示如下：

命令：_mirror

选择对象：找到 1 个

选择对象：

指定镜像线的第一点：

指定镜像线的第二点：

要删除源对象吗？ [是 (Y)/ 否 (N)] < 否 >：

4.1.5 偏移图形

偏移图形是按照一定的偏移值将图形进行复制和位移，偏移后的图形和原图形的形状相同，用户可以通过以下方式调用偏移命令：

◎ 执行"修改"|"偏移"命令。

◎ 在"默认"选项卡的"修改"面板中单击"偏移"按钮⚏。

◎ 在命令行输入 OFFSET 命令并按 Enter 键。

偏移图形后，命令行提示如下：

```
命令：_offset
当前设置：删除源 = 否 图层 = 源 OFFSETGAPTYPE=0
指定偏移距离或 [ 通过 (T)/ 删除 (E)/ 图层 (L)] <20.0000>: 150
选择要偏移的对象，或 [ 退出 (E)/ 放弃 (U)] < 退出 >:
指定要偏移的那一侧上的点，或 [ 退出 (E)/ 多个 (M)/ 放弃 (U)] < 退出 >:
```

绘图技巧

在进行"偏移"操作时，需要先输入偏移值，再选择偏移对象。而且"偏移"命令只能偏移直线、斜线或多线段，而不能偏移图形。

■ 4.1.6 阵列图形

阵列是一种有规则的复制图形的命令，当绘制的图形需要按照规则进行分布时，就可以使用"阵列"命令解决，阵列包括矩形阵列、环形阵列和路径阵列 3 种。

用户可以通过以下方式调用"阵列"命令：

◎ 执行"修改" | "阵列"命令的子命令，如图 4-1 所示。

◎ 在"默认"选项卡的"修改"面板中，单击"阵列"下拉按钮，选择阵列方式，如图 4-2 所示。

◎ 在命令行输入 AR 命令并按 Enter 键。

图 4-1   图 4-2

1. 矩形阵列

矩形阵列是指图形呈矩形结构阵列，执行矩形阵列命令后，命令行会出现相应的设置选项，下面将介绍这些选项的具体含义。

◎ 关联：指定阵列中的对象是关联的还是独立的。

◎ 基点：指定需要阵列基点和夹点的位置。

◎ 计数：指定行数和列数，并可以动态观察变化。

◎ 间距：指定行间距和列间距并在移动光标时可以动态观察结果。

◎ 列数：编辑列数和列间距。"列数"用于指定阵列中图形的列数，"列间距"用于指定每列之间的距离。

◎ 行数：指定阵列中的行数、行间距和行之间的增量标高。"行数"用于指定阵列中图形的行数，"行间距"指定各行之间的距离，"总计"用于指定起点和端点行数之间的总距离，"增量标高"用于设置每个后续行的增大或减少。

◎ 层数：指定阵列图形的层数和层间距，"层数"用于指定阵列中的层数，"层间距"用于 Z 坐标值中，指定每个对象等效位置之间的差值。"总计"用于 Z 坐标值中，指定第一个和最后一个层中对象等效位置之间的总差值。

◎ 退出：退出阵列操作。如图 4-3 所示为矩形阵列。

在矩形阵列过程中，如果希望阵列的图形往相反的方向复制时，则需在列间距或行间距前面加"-"符号。

2. 环形阵列

环形阵列是指图形呈环形结构阵列。环形阵列需要指定有关参数，在执行环形阵列后，命令行会显示关于环形阵列的选项，下面对这些选项的含义进行介绍。

◎ 中心点：指定环形阵列的围绕点。

◎ 旋转轴：指定由两个点定义的自定义旋转轴。

◎ 项目：指定阵列图形的数值。

◎ 项目间角度：阵列图形对象和表达式指定项目之间的角度。

◎ 填充角度：指定阵列中第一个和最后一个图形之间的角度。

◎ 旋转项目：控制是否旋转图形本身。

◎ 退出：退出环形阵列操作。如图4-4所示为环形阵列。

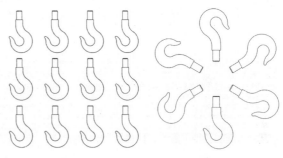

图 4-3   图 4-4

3. 路径阵列

路径阵列是图形根据指定的路径进行阵列，路径可以是曲线、弧线、折线等线段。执行路径阵列后，命令行会显示关于路径阵列的相关选项。下面具体介绍各选项的含义。

◎ 路径曲线：指定用于阵列的路径对象。

◎ 方法：指定阵列的方法，包括定数等分和定距等分两种。

◎ 切向：指定阵列的图形如何相对于路径的起始方向对齐。

◎ 项目：指定图形数和图形对象之间的距离。"沿路径项目数"用于指定阵列图形数，"沿路径项目之间的距离"用于指定阵列图形之间的距离。

◎ 对齐项目：控制阵列图形是否与路径对齐。

◎ Z方向：控制图形是否保持原始Z方向或沿三维路径自然倾斜。

■ 4.1.7 拉伸图形

拉伸图形就是通过窗选或者多边形框选的方式拉伸对象，某些对象类型（例如圆、椭圆和块）无法进行拉伸操作。用户可以通过以下方式调用"拉伸"命令：

◎ 执行"修改"|"拉伸"命令。

◎ 在"默认"选项卡的"修改"面板中单击"拉伸"按钮。

◎ 在命令行输入STRETCH命令并按Enter键。

拉伸图形后，命令行提示如下：

```
命令：_stretch
以交叉窗口或交叉多边形选择要拉伸的对象 ...
```

```
选择对象：指定对角点：找到 1 个
选择对象：
指定基点或 [ 位移 (D)] < 位移 >：
指定第二个点或 < 使用第一个点作为位移 >：
```

4.1.8　缩放图形

在绘图过程中常常会遇到图形比例不合适的情况，这时就可以利用缩放工具。缩放图形对象可以把图形对象相对于基点进行缩放。用户可以通过以下方式调用"缩放"命令：

◎ 执行"修改"|"缩放"命令。
◎ 在"默认"选项卡的"修改"面板中单击"缩放"按钮。
◎ 在命令行输入 SCALE 命令并按 Enter 键。

命令行提示如下：

```
命令：SCALE
选择对象：指定对角点：找到 1 个
选择对象：
指定基点：
指定比例因子或 [ 复制 (C)/ 参照 (R)]：1.5
```

> **知识拓展**
>
> 当确定了缩放的比例值后，系统将相对于基点进行缩放操作，默认比例值为 1。若比例值大于 1，该图形会放大显示；若比例值大于 0，小于 1，则会缩小图形。输入的比例值必须是自然数。

4.1.9　倒角和圆角

倒角和圆角可以修饰图形，对于两条相邻的边界多出的线段，倒角和圆角都可以进行修剪。倒角是对图形相邻的两条边进行修饰，圆角则是根据指定圆弧半径来进行倒角。如图 4-5 和图 4-6 所示分别为倒角和圆角操作后的效果。

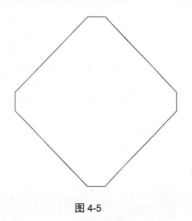

图 4-5

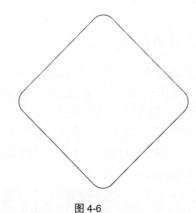

图 4-6

1. 倒角

执行"倒角"命令可以将绘制的图形进行倒角，既可以修剪多余的线段还可以设置图形中两条边的倒角距离和角度。

用户可以通过以下方式调用"倒角"命令：

◎ 执行"修改"|"倒角"命令。

◎ 在"默认"选项卡的"修改"面板中单击"倒角"按钮 。

◎ 在命令行输入 CHA 命令并按 Enter 键。

执行"倒角"命令后，命令行提示如下：

命令：_chamfer
("修剪"模式)当前倒角距离 1 = 0.0000，距离 2 = 0.0000
选择第一条直线或 [放弃 (U)/ 多段线 (P)/ 距离 (D)/ 角度 (A)/ 修剪 (T)/ 方式 (E)/ 多个 (M)]:

下面具体介绍命令行中各选项的含义：

◎ 放弃：取消"倒角"命令。

◎ 多段线：根据设置的倒角大小对多线段进行倒角。

◎ 距离：设置倒角尺寸距离。

◎ 角度：根据第一个倒角尺寸和角度设置倒角尺寸。

◎ 修剪：修剪多余的线段。

◎ 方式：设置倒角的方法。

◎ 多个：可对多个对象进行倒角。

2. 圆角

圆角是指通过指定的圆弧半径大小可以将多边形的边界棱角部分光滑连接起来。圆角是倒角的一部分表现形式。

用户可以通过以下方式调用"圆角"命令：

◎ 执行"修改"|"圆角"命令。

◎ 在"默认"选项卡的"修改"面板中单击"圆角"按钮 。

◎ 在命令行输入 F 命令并按 Enter 键。

执行"圆角"命令后，命令行提示如下：

命令：_fillet
当前设置：模式 = 修剪，半径 = 0.0000
选择第一个对象或 [放弃 (U)/ 多段线 (P)/ 半径 (R)/ 修剪 (T)/ 多个 (M)]:

> **绘图技巧**
>
> 重复"圆角"和"倒角"命令之后，设置选项无须重新设置，直接选择圆角、倒角对象即可，系统默认以上一次的参数修改图形。

■ 4.1.10　修剪图形

修剪命令是将某一对象为剪切边修剪其他对象。用户可以通过以下方式调用"修剪"命令：

◎ 执行"修改"|"修剪"命令。

◎ 在"默认"选项卡中，单击"修改"面板的下拉菜单按钮，在弹出的列表中选择"修剪"按钮-/--。

◎ 在命令行输入 TRIM 命令并按 Enter 键。

执行"修剪"命令后，命令行提示如下：

```
命令：_trim
当前设置：投影 =UCS，边 = 无
选择剪切边 …
选择对象或 < 全部选择 >：找到 1 个
选择对象：
选择要修剪的对象，或按住 Shift 键选择要延伸的对象，或
[ 栏选 (F)/ 窗交 (C)/ 投影 (P)/ 边 (E)/ 删除 (R)/ 放弃 (U)]：
选择要修剪的对象，或按住 Shift 键选择要延伸的对象，或
[ 栏选 (F)/ 窗交 (C)/ 投影 (P)/ 边 (E)/ 删除 (R)/ 放弃 (U)]：
```

知识拓展

用户在命令行输入 TR 命令时，按两次 Enter 键，选中所需要删除的线段，即可完成修剪操作。

■ 实例：绘制密封垫零件图

下面利用"旋转""偏移""修剪"等命令绘制密封垫零件图，操作步骤介绍如下。

Step01 执行"圆"命令，绘制半径为 19mm 的圆，如图 4-7 所示。

Step02 执行"修改"|"偏移"命令，设置偏移尺寸为 6mm，将圆向外依次进行偏移，如图 4-8 所示。

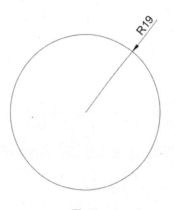

图 4-7

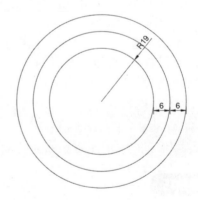

图 4-8

Step03 执行"修改"|"复制"命令，选择同心圆并向一侧进行复制，设置距离为 32.5mm，如图 4-9 所示。

Step04 执行"直线"命令，捕捉圆的象限点绘制线段，再执行"修改"|"偏移"命令，将直线向内偏移 14mm，如图 4-10 所示。

AutoCAD 2020 机械设计课堂实录

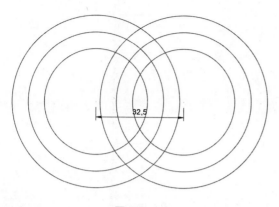

图 4-9

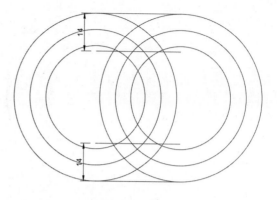

图 4-10

Step05 执行"修改"|"修剪"命令,修剪多余的线条,如图 4-11 所示。

Step06 执行"圆"命令,捕捉象限点绘制半径为 4mm 的圆,如图 4-12 所示。

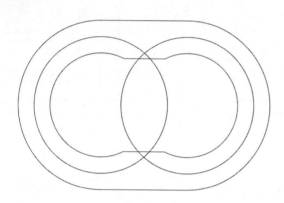

图 4-11

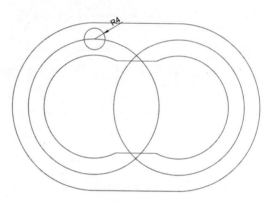

图 4-12

Step07 删除中间的两个圆,如图 4-13 所示。

Step08 执行"圆心 , 起点 , 端点"命令,捕捉大圆圆心绘制半径为 25mm 的圆弧,如图 4-14 所示。

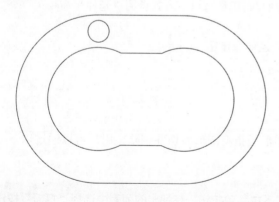

图 4-13

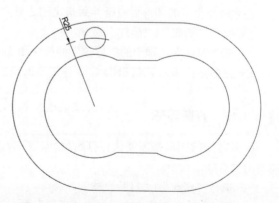

图 4-14

Step09 执行"直线"命令,绘制长度为 10mm 的中心线,如图 4-15 所示。

Step10 执行"修改"|"旋转"命令,以大圆圆心为旋转基点,将小圆按逆时针旋转 45°,如图 4-16 所示。

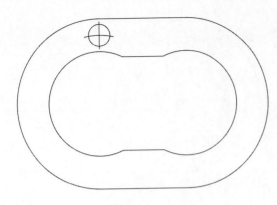

图 4-15

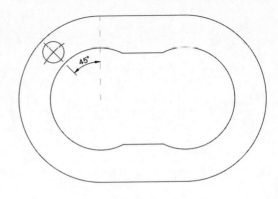

图 4-16

Step11 执行"修改"|"镜像"命令，镜像小圆图形，如图 4-17 所示。

Step12 执行"直线"命令，为图形绘制中心线，完成密封垫图形的绘制，如图 4-18 所示。

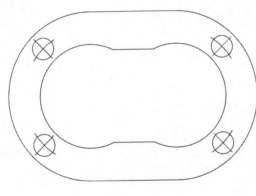

图 4-17

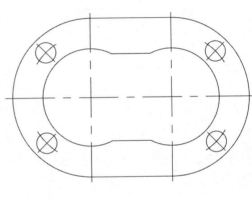

图 4-18

■ 4.1.11　延伸图形

延伸命令指定的图形会被延伸到指定的边界。用户可以通过以下方式调用"延伸"命令：

◎ 执行"修改"|"延伸"命令。

◎ 在"默认"选项卡的"修改"面板中单击"延伸"按钮 ---/ ▼。

◎ 在命令行输入 EXTEND 命令并按 Enter 键。

■ 4.1.12　打断图形

很多复杂的图形都需要执行打断操作，打断图形是指将图形剪切并删除。用户可以通过以下方式调用"打断"命令：

◎ 执行"修改"|"打断"命令。

◎ 在"默认"选项卡中，单击"修改"面板的下拉菜单按钮，在弹出的列表中选择"打断"按钮 。

◎ 在命令行输入 BREAK 命令并按 Enter 键。

执行"打断"命令后，命令行提示如下：

```
命令：_break
```

4.1.13　分解图形

对于矩形、多段线、图块等由多个对象组成的组合对象，如果需要对其中的图形进行编辑时，就需要将该组合对象先分解。用户可以通过以下方式调用"分解"命令：

◎ 执行"修改"|"分解"命令。

◎ 在"默认"选项卡中，单击"修改"面板的下拉菜单按钮，在弹出的列表中选择"分解"按钮🗊。

◎ 在命令行输入 EXPLODE 命令并按 Enter 键。

执行"分解"命令后，命令行提示如下：

命令：_explode

选择对象：找到一个

选择对象：

知识拓展

"分解"命令不仅可以分解块实例，还可以分解尺寸标注、填充区域、多段线等复合图形对象。

4.1.14　删除图形

在绘制图形时，经常会因为操作的失误而要删除图形对象，删除图形对象操作是图形编辑操作中最基本的操作。用户可以通过以下方式调用"删除"命令：

◎ 执行"修改"|"删除"命令。

◎ 在"默认"选项卡的"修改"面板中单击"删除"按钮 ✏。

◎ 在命令行输入 ERASE 命令并按 Enter 键。

◎ 在键盘上按 Delete 键。

绘图技巧

选中要删除的对象后按 Delete 键，也可以将对象删除。

实例：绘制垫圈零件图

为了更好地掌握本章所学习的知识，下面将介绍垫圈零件图的绘制。使用的知识包括"旋转""阵列""修剪"等编辑命令。

Step01 执行"绘图"|"圆"命令，绘制直径分别为50.5mm、61mm、76mm的同心圆，如图4-19所示。

Step02 执行"直线"命令，捕捉象限点绘制线段，再执行"修改"|"旋转"命令，在命令行中输入C命令，顺时针旋转并复制线段，旋转角度为30°，如图4-20所示。

Step03 执行"修改"|"偏移"命令，设置偏移尺寸为3.5mm，将线段向两侧偏移，如图4-21所示。

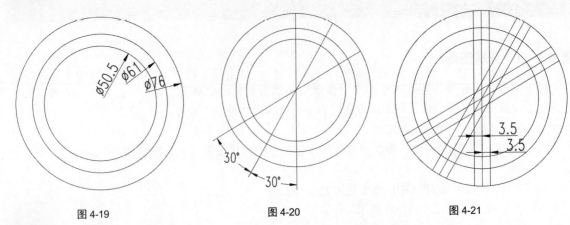

图 4-19   图 4-20   图 4-21

Step04 执行"修改"|"修剪"命令，修剪掉多余的线条，如图4-22所示。

Step05 执行"修改"|"旋转"命令，将顶部的三个凸起图形按顺时针旋转15°，如图4-23所示。

Step06 执行"修改"|"偏移"命令，将内侧的圆向外偏移15mm，如图4-24所示。

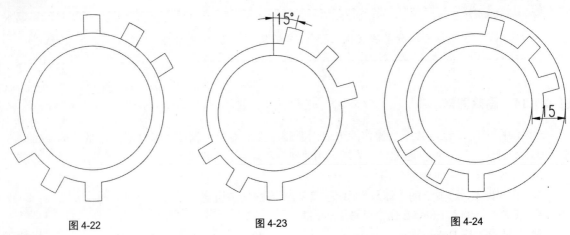

图 4-22   图 4-23   图 4-24

Step07 执行"直线"命令，捕捉绘制图形中线，再删除外侧的圆，完成垫圈零件图的绘制，如图4-25所示。

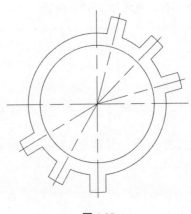

图 4-25

AutoCAD 2020 机械设计课堂实录

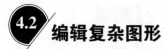

4.2 编辑复杂图形

样条曲线可以绘制复杂的图形，而修订云线可以提醒用户修改内容，这两种线段都是不规则的线段，往往不能一次绘制出想要的结果，所以我们需要编辑线段，下面具体介绍编辑这两种线段的方法。

■ 4.2.1 编辑修订云线

修订云线用于检查阶段提醒用户注意图形的某个部分。修订云线是由连续圆弧组成的多段线，所以云线也属于多段线，用户可以通过以下方式调用"编辑多段线"命令：

◎ 执行"修改"|"对象"|"多段线"命令。

◎ 在"默认"选项卡的"修改"面板中，单击 修改 ▼ 下拉菜单按钮，在弹出的列表中选择"编辑多段线"按钮 ⟋。

◎ 在命令行输入 PEDIT 命令，并按 Enter 键。

执行"编辑多段线"命令后，命令行提示如下：

命令 : _pedit
选择多段线或 [多条 (M)]:
输入选项 [打开 (O)/ 合并 (J)/ 宽度 (W)/ 编辑顶点 (E)/ 拟合 (F)/ 样条曲线 (S)/ 非曲线化 (D)/ 线型生成 (L)/ 反转 (R)/ 放弃 (U)]:

下面将对命令行中编辑修订云线选项的含义进行介绍：

◎ 打开：将合并的修订云线执行打开操作，若选择的样条曲线不是封闭的图形，显示的则是"闭合"选项。

◎ 合并：将在线段上的两条或几条样条线合并成一条云线。

◎ 宽度：设置云线的宽度。

◎ 编辑顶点：用于提供一组子选项，用户能够编辑顶点和与顶点相邻的线段。

◎ 样条曲线：将修订云线转换为样条曲线。

◎ 非曲线化：将修订云线转换为多段线。

◎ 反转：改变修订云线的方向。

◎ 放弃：取消上一次的编辑操作。

■ 4.2.2 编辑样条曲线

样条曲线是经过或接近影响曲线形状的一系列点的平滑曲线。创建样条曲线后，可以增加、删除样条曲线上的移动点，还可以打开或者闭合路径。用户可以通过以下方式调用"编辑样条曲线"命令：

◎ 执行"修改"|"对象"|"样条曲线"命令。

◎ 在"默认"选项卡的"修改"面板中，单击 修改 ▼ 下拉菜单按钮，在弹出的列表中选择"编辑样条曲线"按钮 ℬ。

◎ 在命令行输入 Splinedit 命令并按 Enter 键。

执行"编辑样条曲线"命令，选择样条曲线后，会出现如图 4-26 所示的快捷菜单。下面具体介绍命令行中各选项的含义：

◎ 闭合：将未闭合的图形执行闭合操作。如果选中的样条曲线已闭合，则"闭合"选项变为"打开"选项。

◎ 合并：将在线段上的两条或几条样条线合并成一条样条线。

◎ 拟合数据：对样条曲线的拟合点、起点以及端点进行拟合编辑。

◎ 编辑顶点：编辑顶点操作，其中，"提升阶数"是控制样条曲线的阶数，阶数越高，控制点越高，根据提示，可输入需要的阶数。"权值"是改变控制点的权重。

◎ 转换为多段线：将样条曲线转换为多段线。

◎ 反转：改变样条曲线的方向。

◎ 放弃：取消上一次的编辑操作。

◎ 退出：退出编辑样条曲线。

```
输入选项
  闭合(C)
  合并(J)
  拟合数据(F)
  编辑顶点(E)
  转换为多段线(P)
  反转(R)
  放弃(U)
● 退出(X)
```

图 4-26

知识拓展

创建样条曲线后，可对当前曲线进行编辑，选择该曲线，将光标移至线条控制点上，系统会自动打开快捷菜单，用户可根据需要，选择相关命令进行编辑操作。

4.3 图形图案的填充

为了使绘制的图形更加丰富多彩，用户需要对封闭的图形进行图案填充。比如绘制机械剖面图需要对图形进行图案填充。下面将对相关知识进行详细介绍。

■ 4.3.1 图案填充

图案填充是一种使用图形图案对指定的图形区域进行填充的操作。用户可以通过以下方式调用"图案填充"命令：

◎ 执行"绘图"|"图案填充"命令。

◎ 在"默认"选项卡的"修改"面板中，单击 **修改 ▼** 下拉菜单按钮，在弹出的列表中选择"编辑图案填充"按钮 。

◎ 在命令行输入 H 命令并按 Enter 键。

要进行图案填充前，首先需要进行设置，用户既可以通过"图案填充编辑器"选项卡进行设置，如图 4-27 所示，又可以在"图案填充和渐变色"对话框中进行设置。

图 4-27

用户可以使用以下方式打开"图案填充和渐变色"对话框，如图 4-28 所示。

◎ 执行"绘图"|"图案填充"命令。

◎ 在"选项"面板中单击"图案填充设置"按钮 。

◎ 在命令行输入 H 命令，按 Enter 键确认，再输入 T 命令。

1. 类型和图案

该选项组主要用于设置图案类型、选择图案以及设置颜色等。

（1）类型

"类型"下拉列表框中包括 3 个选项，若选择"预定义"选项时，则可以使用系统填充的图案；若选择"用户定义"选项，则需要定义有一组平行线或者相互垂直的两组平行线组成的图案；若选择"自定义"选项时，则可以使用事先自定义好的图案。

（2）图案

在"图案"下拉列表中可选择图案名称，如图 4-29 所示。用户也可以单击"图案"右侧的按钮，在"填充图案选项板"对话框中预览填充图案，如图 4-30 所示。

图 4-28

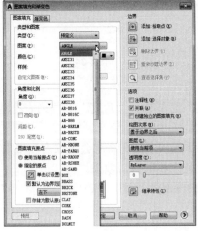

图 4-29

图 4-30

（3）颜色

在"颜色"下拉列表框中可以指定颜色，如图 4-31 所示。若下拉列表中并没有需要的颜色，可以单击"选择颜色"选项，打开"选择颜色"对话框，设置颜色，如图 4-32 所示。

（4）样例

在"样例"选项中同样可以设置填充图案。单击"样例"的选项框，弹出"填充图案选项板"对话框，从中选择需要的图案，单击"确定"按钮即可完成操作，如图 4-33 所示。

图 4-31

图 4-32

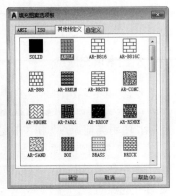

图 4-33

2. 角度和比例

"角度和比例"选项组用于设置图案的角度和比例，可以通过两个方面进行设置。

（1）设置角度和比例

当图案类型为"预定义"选项时，"角度"和"比例"下拉列表框是激活状态，"角度"是指填充图案的角度，"比例"是指填充图案的比例。在其中输入相应的数值，就可以设置线型的角度和比例。如图4-34和图4-35所示为设置不同的角度和比例后的效果。

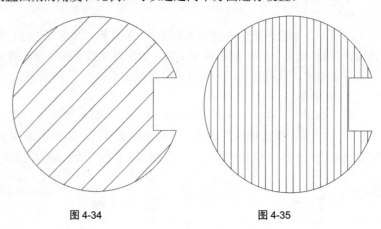

图4-34   图4-35

（2）设置角度和间距

当图案类型为"用户定义"选项时，"角度"下拉列表框和"间距"文本框属于激活状态，用户可以设置角度和间距，如图4-36所示。

当选中"双向"复选框时，平行的填充图案就会更改为互相垂直的两组平行线填充图案。如图4-37和图4-38所示为选中"双向"复选框的前后效果。

图4-36

图4-37

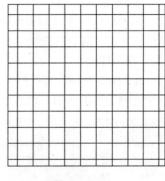

图4-38

3. 图案填充原点

许多图案填充需要对齐填充边界上的某一点。在"图案填充原点"选项组中就可以设置图案填充原点的位置。设置原点位置包括"使用当前原点"和"指定的原点"两种选项，如图4-39所示。

（1）使用当前原点

选中该单选按钮，可以使用当前 UCS 的原点（0，0）作为图案填充的原点。

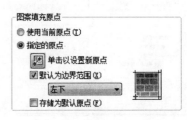

图4-39

（2）指定的原点

选中该单选按钮，可以自定义原点位置，通过指定一点位置作为图案填充的原点。

◎ "单击以设置新原点"可以在绘图区指定一点作为图案填充的原点。

◎ "默认为边界范围"可以以填充边界的左上角、右上角、左下角、右下角和圆心作为原点。

◎ "存储为默认原点"可以将指定的原点存储为默认的填充图案原点。

绘图技巧

在"图案填充创建"选项卡中，单击"特性"组中的"图案填充比例"按钮，可设置图案填充的显示比例，通过"图案填充角度"可设置图形的填充角度。

4. 边界

该选项组主要用于选择填充图案的边界，也可以进行删除边界、重新创建边界等操作。

◎ 添加：拾取点：将拾取点任意放置在填充区域上，就会预览填充效果，如图 4-40 所示，单击鼠标，即可完成图案填充。

◎ 添加：选择对象：根据选择的边界填充图形，随着选择的边界增加，填充的图案面积也会增加，如图 4-41 所示；若选择的边界不是封闭状态，则会显示错误提示信息，如图 4-42 所示。

◎ 删除边界：在利用拾取点或者选择对象定义边界后，单击删除边界按钮，可以取消系统自动选取或用户选取的边界，形成新的填充区域。

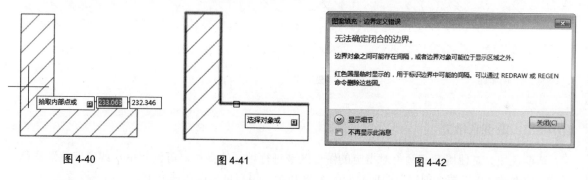

| 图 4-40 | 图 4-41 | 图 4-42 |

5. 选项

该选项组用于设置图案填充的一些附属功能，其中包括注释性、关联、创建独立的图案填充、绘图次序和继承特性等功能。如图 4-43 所示。

下面将对常用选项的含义进行介绍。

◎ 注释性：将图案填充为注释性。此特性会自动完成缩放注释过程，从而使注释能够以正确的大小在图纸上打印或显示。

◎ 关联：在取消选中"注释性"复选框时，关联处于激活状态，关联图案填充随边界的更改自动更新，而非关联的图案填充则不会随边界的更改而自动更新。

◎ 创建独立的图案填充：创建独立的图案填充，它不随边界的修改而修改图案填充。

◎ 绘图次序：该下拉列表框用于指定图案填充的绘图次序。

图 4-43

6. 孤岛

孤岛是指定义好的填充区域内的封闭区域。在"图案填充和渐变色"对话框中的右下角单击"更多选项"按钮 ⟨⟩，即可显示"孤岛"选项组，如图 4-44 所示。

下面将对"孤岛"选项组中各选项的含义进行介绍。

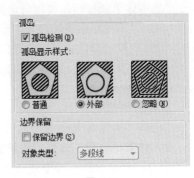

图 4-44

- ◎ 孤岛显示样式："普通"是指从外部向内部填充，如果遇到内部孤岛，就断开填充，直到遇到另一个孤岛后，再进行填充，如图 4-45 所示。"外部"是指遇到孤岛后断开填充图案，不再继续向里填充，如图 4-46 所示。"忽略"是指系统忽略孤岛对象，所有内部结构都将被填充图案覆盖，如图 4-47 所示。
- ◎ 边界保留：选中"保留边界"复选框，将保留填充的边界。

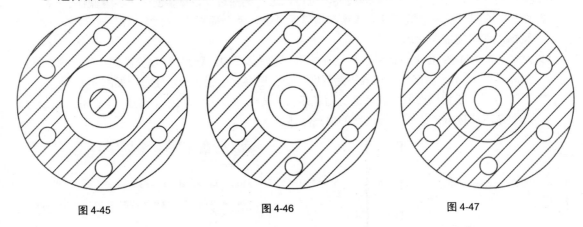

图 4-45   图 4-46   图 4-47

■ 4.3.2 渐变色填充

渐变色填充是使用渐变颜色对指定的图形区域进行填充的操作，可创建单色或者双色渐变色。渐变色填充的"图案填充创建"选项卡如图 4-48 所示，用户可在该选项卡中进行相关设置。

图 4-48

在命令行输入 H 命令，按 Enter 键，再输入 T 命令，打开"图案填充和渐变色"对话框，切换到"渐变色"选项卡，如图 4-49 和图 4-50 所示分别为单色渐变色的设置界面和双色渐变色的设置界面。下面将对"渐变色"选项卡中各选项的含义进行介绍。

- ◎ 单色 / 双色：两个单选按钮用于确定是以一种颜色填充还是以两种颜色填充。
- ◎ 明暗滑块：拖动滑块可调整单色渐变色搭配颜色的显示。
- ◎ 图像按钮：9 个图像按钮用于确定渐变色的显示方式。
- ◎ 居中：指定对称的渐变配置。
- ◎ 角度：渐变色填充时的旋转角度。

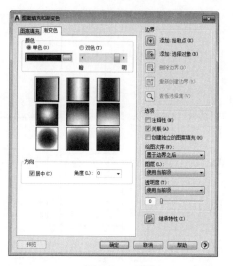

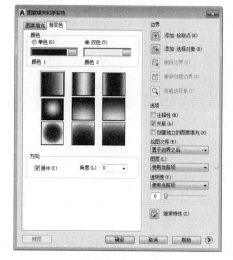

图 4-49　　　　　　　　　　　　　　　图 4-50

■ **实例：绘制法兰盘剖面图**

　　下面利用"图案填充""镜像"命令绘制一个法兰盘剖面图形的平面图形。通过学习本案例，读者能够熟练掌握 AutoCAD 中如何使用"图案填充""镜像"命令，其具体操作步骤介绍如下。

Step01 执行"绘图"|"直线"命令，绘制一个长 43mm，宽 29mm 的矩形图形，如图 4-51 所示。

Step02 执行"修改"|"偏移"命令，将线段进行偏移，如图 4-52 所示。

Step03 执行"修改"|"修剪"命令，修剪删除掉多余的线段，如图 4-53 所示。

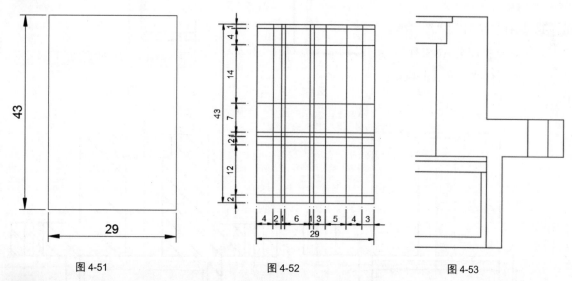

图 4-51　　　　　　　　　　图 4-52　　　　　　　　　　图 4-53

Step04 执行"绘制"|"直线"命令，绘制斜角的线段，如图 4-54 所示。

Step05 执行"修改"|"修剪"命令，修剪删除掉多余的线段，如图 4-55 所示。

Step06 设置"中心线"图层为当前层，绘制中心线，设置线型比例为 0.1，如图 4-56 所示。

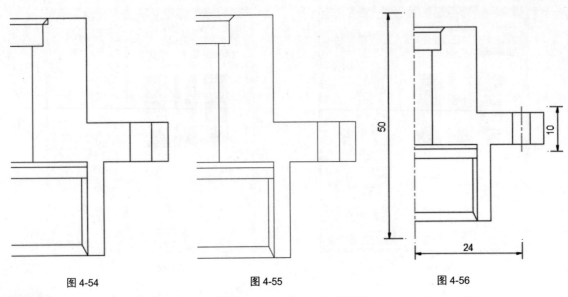

图 4-54　　　　　　图 4-55　　　　　　图 4-56

Step07 执行"修改"|"镜像"命令，根据命令行提示，选择镜像对象，如图 4-57 所示。

Step08 根据命令行提示，选择镜像第一点和第二点，如图 4-58 所示。

Step09 根据命令行提示，选择是否删除源对象，这里保留源对象，完成镜像复制操作，如图 4-59 所示。

Step10 执行"绘图"|"图案填充"命令，选择图案 ANSI31，填充剖面区域，如图 4-60 所示。

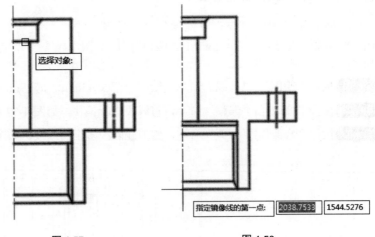

图 4-57　　　　　　图 4-58

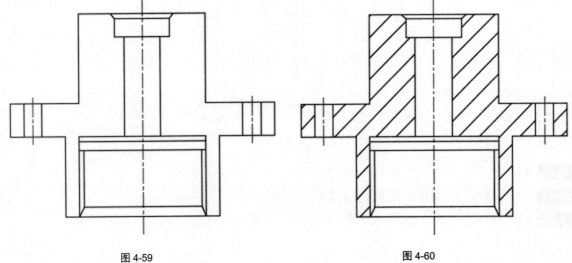

图 4-59　　　　　　图 4-60

AutoCAD 2020 机械设计课堂实录

■ 实例：绘制花键剖面图

下面利用"偏移""阵列""图案填充"等命令绘制花键剖面图形。通过学习本案例，读者能够熟练掌握如何使用以上命令，其具体操作步骤介绍如下。

Step01 执行"圆"命令，绘制半径分别为17.5mm和20mm的同心圆，如图4-61所示。

Step02 执行"直线"命令，捕捉象限点绘制直线，再执行"修改"|"偏移"命令，将线段分别向两侧偏移5mm，如图4-62所示。

Step03 执行"修改"|"阵列"|"环形阵列"命令，选择两侧的直线，以圆心为阵列中心，设置项目数为3，对直线进行阵列复制，如图4-63所示。

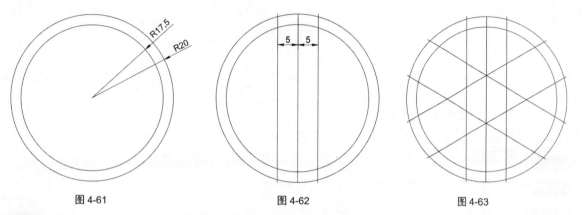

图 4-61　　　　　　　　　　图 4-62　　　　　　　　　　图 4-63

Step04 选择阵列对象，在命令行中输入X命令，按Enter键确认将其分解。再执行"修改"|"修剪"命令，修剪并删除图形，如图4-64所示。

Step05 选择线段，利用夹点调整长度，两端各延长1mm，再执行"修改"|"旋转"命令，对其进行90°的旋转复制，如图4-65所示。

Step06 执行"绘图"|"图案填充"命令，选择图案ANSI31，拾取图形内部进行填充，默认填充比例为1，完成花键剖面图的绘制，如图4-66所示。

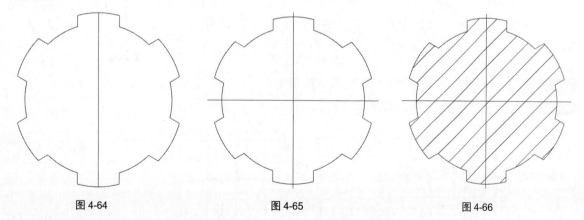

图 4-64　　　　　　　　　　图 4-65　　　　　　　　　　图 4-66

■ 课后实战：绘制链轮零件图

为了更好地掌握本章所学习的知识，下面将介绍链轮零件的绘制。使用的知识包括"圆""阵列"等编辑命令。

Step01 执行"绘图"|"直线"命令，绘制两条长 220mm 相交的中心线，线型比例设置为 0.5，如图 4-67 所示。

Step02 执行"绘图"|"圆"命令，绘制半径分别为 20mm、60mm、90mm 和 100mm 的同心圆，如图 4-68 所示。

Step03 执行"绘图"|"圆"命令，绘制半径为 3mm 的圆，如图 4-69 所示。

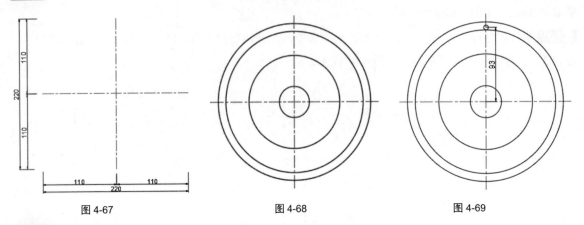

图 4-67   图 4-68   图 4-69

Step04 执行"绘图"|"直线"命令，沿垂直中心线绘制一条长 110mm 的线段，如图 4-70 所示。

Step05 执行"修改"|"偏移"命令，将线段左右各偏移 6mm，如图 4-71 所示。

Step06 执行"绘图"|"多段线"命令，根据命令行提示指定起点，如图 4-72 所示。

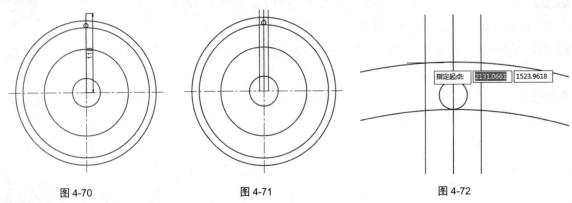

图 4-70   图 4-71   图 4-72

Step07 根据命令行提示再指定下一点，如图 4-73 所示。

Step08 输入命令 A，绘制圆弧，如图 4-74 所示。

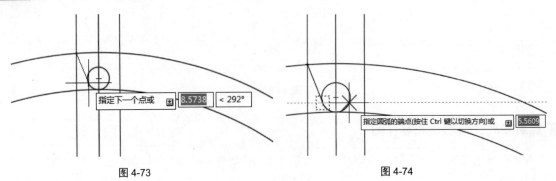

图 4-73   图 4-74

Step09 再输入命令 L，指定下一点，完成多段线的绘制，如图 4-75 所示。

Step10 删除掉多余的图形，如图 4-76 所示。

Step11 执行"修改"|"阵列"|"环形阵列"命令，选择阵列对象，如图 4-77 所示。

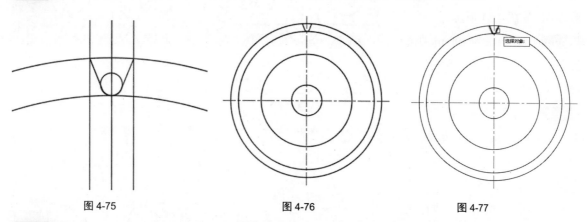

| 图 4-75 | 图 4-76 | 图 4-77 |

Step12 根据命令行提示指定阵列中心，设置项目数为 40，其他参数保持不变，如图 4-78 所示。

Step13 执行"修改"|"修剪"命令，修剪删除掉多余的线段，如图 4-79 所示。

Step14 执行"绘图"|"圆"命令，绘制半径为 19mm 的圆，如图 4-80 所示。

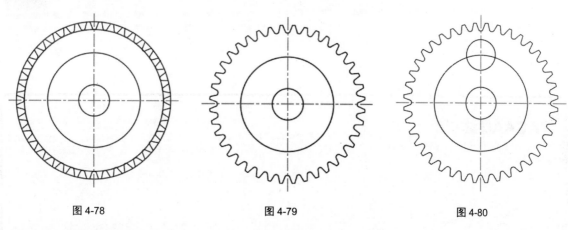

| 图 4-78 | 图 4-79 | 图 4-80 |

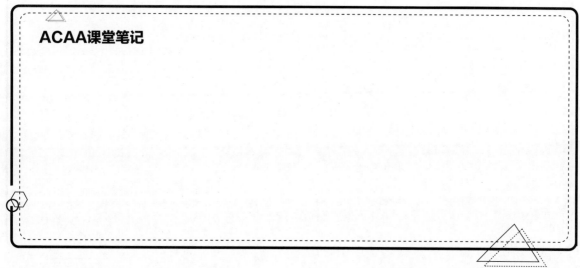

ACAA课堂笔记

Step15 执行"修改"|"阵列"|"环形阵列"命令，选择半径19mm的圆作为阵列对象，设置项目数为6，如图4-81所示。

Step16 设置半径为19mm的圆线型为HIDDEN，颜色为灰色，如图4-82所示。

Step17 执行"直线"命令，绘制长9mm，宽6mm的矩形图形，如图4-83所示。

Step18 执行"修剪"命令，修剪删除多余的线段，完成链轮图形的绘制，如图4-84所示。

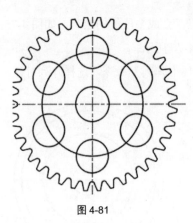
图 4-81

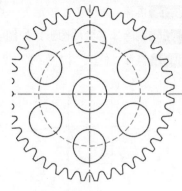
图 4-82

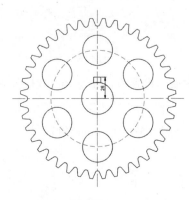
图 4-83

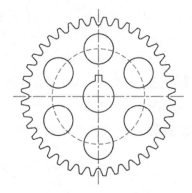
图 4-84

ACAA课堂笔记

AutoCAD 2020 机械设计课堂实录

课后作业

一、填空题

1. 使用_____命令可以增加或减少视图区域，而使对象的真实尺寸保持不变。

2. 偏移图形指对指定圆弧和圆等做_____复制。对于_____而言，由于圆心为无穷远，因此可以平行复制。

3. 使用_____命令可以按指定的镜像线翻转对象，创建出对称的镜像图形。

二、选择题

1. 使用"旋转"命令旋转对象时，（　　　）。
   A. 必须指定旋转角度　　　　　　　　　　B. 必须指定旋转基点
   C. 必须使用参考方式　　　　　　　　　　D. 可以在三维空间旋转对象

2. 使用"延伸"命令进行对象延伸时，（　　　）。
   A. 必须在二维空间中延伸　　　　　　　　B. 可以在三维空间中延伸
   C. 可以延伸封闭线框　　　　　　　　　　D. 可以延伸文字对象

3. 在执行"圆角"命令时，应先设置（　　　）。
   A. 圆角半径　　　　　　　　　　　　　　B. 距离
   C. 角度值　　　　　　　　　　　　　　　D. 内部块

4. 使用"拉伸"命令拉伸对象时，不能（　　　）。
   A. 把圆拉伸为椭圆　　　　　　　　　　　B. 把正方形拉伸成长方形
   C. 移动对象特殊点　　　　　　　　　　　D. 整体移动对象

三、操作题

1. 绘制如图 4-85 所示的机械图形。

本实例将利用所学的绘图、编辑命令绘制机械图形。

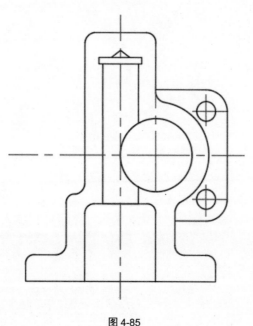

图 4-85

操作提示：

[Step01] 执行"偏移""矩形""直线"等命令绘制出图形轮廓。

[Step02] 执行"圆角"和"修剪"命令，对图形进行修剪调整。

2. 绘制如图 4-86 所示的机械图形。

本实例将运用偏移、修剪、镜像、图案填充等编辑命令绘制图形。

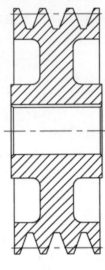

图 4-86

操作提示：

[Step01] 执行"偏移""直线""修剪"等命令，绘制出一组图形。

[Step02] 执行"镜像"和"图案填充"命令，镜像并填充图形。

第〈5〉章

图层与图块的应用

内容导读

　　图层是 AutoCAD 中查看和管理图形的工具。利用图层的特性，如颜色、线宽、线型等，可以区分不同的对象。图块的操作主要是创建块、插入块、存储块。用户可以将经常使用的图形定义为图块，根据需要为块创建属性，指定名称等信息，在需要时直接插入图块，从而提高绘图效率，并节省了大量内存空间。通过本章的学习，用户可以掌握图层以及图块的使用，为下面章节的学习打下基础。

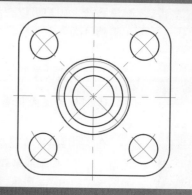

学习目标

》 掌握图层的设置与管理

》 掌握图块的应用与编辑

5.1 图层的设置与管理

在机械制图中，图形中主要包括粗实线、细实线、虚线、点画线、剖面线、尺寸标注以及文字说明等元素。如果用图层来管理它们，不仅能使图形的各种信息清晰有序，便于观察，而且也会给图形的编辑、修改和输出带来很大的方便。

5.1.1 创建图层

在绘制图形时，可根据需要创建图层，将不同的图形对象放置在不同的图层上，从而有效地管理图层。默认情况下，新建文件只包含一个图层 0，用户可以按照以下方法打开"图层特性管理器"面板，从中创建更多的图层。

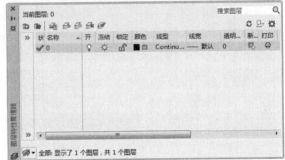

◎ 在"默认"选项卡的"图层"面板中单击"图层特性"按钮。

◎ 执行"格式"|"图层"命令。

◎ 在命令行输入 LAYER 命令并按 Enter 键。

在"图层特性管理器"中单击"新建图层"按钮，即可创建新图层，系统默认命名为"图层 1"，如图 5-1 所示。

图 5-1

知识拓展

图层名称不能包含通配符（*和？）和空格，也不能与其他图层重名。

5.1.2 设置图层

当图层创建好之后，通常需要对创建好的图层进行适当的设置。例如，设置图层的名称，当前图层的颜色、线型等设置。

1. 颜色的设置

在"图层特性管理器"面板中单击"颜色"图标 ■白，打开"选择颜色"对话框，其中包含 3 个颜色选项卡，即：索引颜色、真彩色、配色系统。用户可以在这 3 个选项卡中选择需要的颜色，也可以在底部"颜色"文本框中输入颜色，如图 5-2 所示。

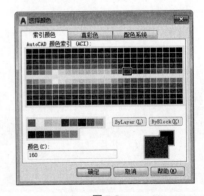

图 5-2

2. 线型的设置

线型分为虚线和实线两种，在机械绘图中，轴线是以虚线的形式表现，轮廓则以实线的形式表现。

在"图层特性管理器"面板中单击"线型"图标 Continuous，打开"选择线型"对话框。单击"加载"按钮，打开"加载或重载线型"对话框，从中选择需要的线型，单击"确定"按钮即可加载至可选列表，如图 5-3 和图 5-4 所示。

图 5-3   图 5-4

绘图技巧

设置好线型后，其线型比例默认为 1，此时所绘制的线条无变化。用户可选中该线条，在命令行输入 CH，按下 Enter 键，打开"特性"面板，选择"线型比例"选项，设置比例值。

3. 线宽的设置

为了显示图形的作用，往往会把重要的图形用粗线宽表示，辅助的图形用细线宽表示。所以线宽的设置也是必要的。

在"图层特性管理器"面板中单击"线宽"图标 —— 默认，打开"线宽"对话框，选择合适的线宽，单击"确定"按钮，如图 5-5 所示。返回"图层特性管理器"面板后，选项栏就会显示修改过的线宽。

图 5-5

■ 5.1.3 管理图层

在"图层特性管理器"面板中，除了可以创建图层，修改颜色、线型和线宽外，AutoCAD 还提供了大量的图层管理工具，如打开 / 关闭、冻结 / 解冻等，这些功能使用户在管理对象时非常方便。下面将详细介绍这些命令的操作方法。

1. 置为当前图层

在新建文件后，系统会在"图层特性管理器"面板中将图层 0 设置为默认图层，若用户需要使用其他图层，就需要将其置为当前层。

用户可以通过以下方式将图层置为当前：
◎ 双击图层名称，当图层状态显示箭头时，则置为当前图层。
◎ 单击图层，在对话框的上方单击"置为当前"按钮 ✍。
◎ 选择图层，单击鼠标右键，在弹出的快捷菜单中选择"置为当前"命令。
◎ 在"图层"面板中单击"图层"下拉菜单按钮，然后单击图层名。

2. 图层的显示与隐藏

编辑图形时，由于图层比较多，选择也要浪费一些时间，这种情况下，用户可以隐藏不需要的部分，从而显示需要使用的图层。

第 5 章

图层与图块的应用

在执行选择和隐藏操作时，需要把图形以不同的图层区分开。当按钮变成 🚫 图标时，图层处于关闭状态，该图层的图形将被隐藏，当图标按钮变成 💡，图层处于打开状态。该图层的图形则显示，如图 5-6 所示部分图层是关闭状态，其他的则是打开状态。

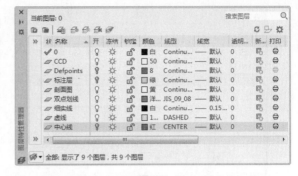

图 5-6

用户可以通过以下方式显示和隐藏图层：

◎ 在"图层特性管理器"对话框中单击 💡 按钮。

◎ 在"图层"面板中单击下拉按钮，然后单击开关图层按钮。

◎ 在"默认"选项卡的"图层"面板中单击 🔲 按钮，根据命令行的提示，选择一个实体对象。即可隐藏图层，单击 🔲 按钮，则可显示图层。

3. 图层的锁定与解锁

当图层的图标显示为 🔓 时，表示图层处于解锁状态；当图标变为 🔒 时，表示图层已被锁定。锁定相应图层后，用户不可以修改位于该图层上的图形对象。

用户可以通过以下方式锁定和解锁图层：

◎ 在"图层特性管理器"对话框中单击 🔓 按钮。

◎ 在"图层"面板中单击下拉按钮，然后单击 🔓 按钮。

◎ 在"默认"选项卡的"图层"面板中单击 🔓 按钮，根据命令行提示，选择一个实体对象，即可锁定图层，单击 🔓 按钮，则可解锁图层，如图 5-7 和图 5-8 所示为图层的锁定和解锁效果。

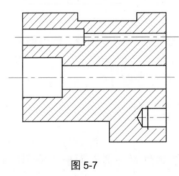

图 5-7

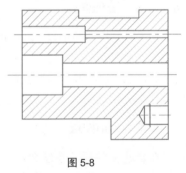

图 5-8

4. 图层的冻结与解冻

冻结图层后不仅使该图层不可见，而且忽略层中的所有实体，另外在对复杂的图作重新生成时，CAD 也忽略被冻结层中的实体，从而节约时间。冻结后就不能在该层上绘制和修改图形。

如图 5-9 所示是图层冻结前的效果，如图 5-10 所示是冻结部分图层后的效果。可以明显地看到尺寸标注图形被冻结隐藏起来，鼠标无法捕捉到被冻结的图层。

5. 图层的隔离

隔离图层，用于将选定的对象的图层之外的所有图层都锁定。被隔离的图层将会隐藏起来，且鼠标无法捕捉到被隔离图层内的图形。

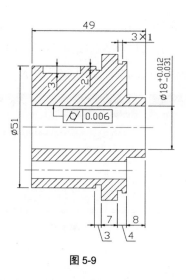

图 5-9

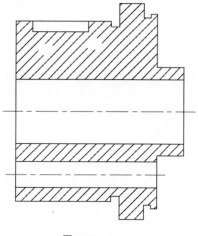

图 5-10

■ 实例：创建"中心线"图层

下面为机械图纸创建"中心线"图层，涉及的知识包括图层颜色和线型的设置。通过学习本案例，读者能够熟练掌握图层颜色和线型的设置方法，其具体操作步骤介绍如下。

Step01 执行"格式"|"图层"命令，打开"图层特性管理器"面板，如图 5-11 所示。

Step02 在面板中单击"新建"按钮 ，创建新图层，输入名称为"中心线"，如图 5-12 所示。

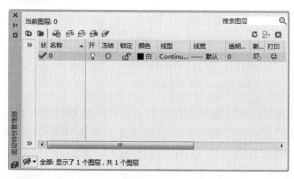

图 5-11   图 5-12

Step03 按 Enter 键完成输入，单击"颜色"图标，打开"选择颜色"对话框，这里为"中心线"图层选择红色，如图 5-13 所示。

Step04 单击"确定"按钮，返回"图层特性管理器"面板，如图 5-14 所示。

图 5-13

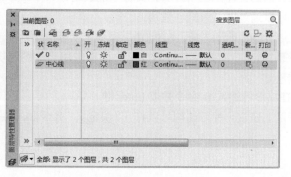

图 5-14

Step05 单击"线型"按钮，打开"选择线型"对话框，如图 5-15 所示。

Step06 单击"加载"按钮，打开"加载或重载线型"对话框，并选择合适的线型，如图 5-16 所示。

Step07 单击"确定"按钮，返回"选择线型"对话框，选择需要的线型，如图 5-17 所示。

图 5-15

图 5-16

图 5-17

Step08 单击"确定"按钮，返回"图层特性管理器"面板，可以看到创建好的"中心线"图层，如图 5-18 所示。

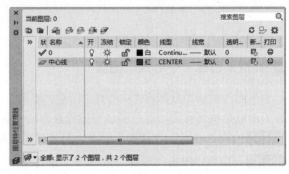
图 5-18

5.2 图块的应用与编辑

图块是由一个或多个对象形成的对象集合。在绘制图形时，如果图形中有大量相同或相似的内容，或者所绘制的图形与已有的图形文件相同，则可以把要重复绘制的图形创建成块，并根据需要创建属性，指定块的名称、用途及设计者等信息，在需要时可以直接插入，节省绘图时间，提高工作效率。

5.2.1 创建图块

除了可调用现有的图块之外，也可根据需要创建图块。创建块就是将已有的图形对象定义为图块。图块分为内部图块和外部图块两种，内部块是跟随定义的文件一起保存的，存储在图形文件内部，只可以在存储的文件中使用，其他文件不能调用。

用户可以通过以下方式创建块：

◎ 执行"绘图" | "块" | "创建"命令。

◎ 在"插入"选项卡的"块定义"面板中单击"创建块"按钮 。

◎ 在命令行输入 B 命令并按 Enter 键。

执行以上任意一种方法均可以打开"块定义"对话框，如图 5-19 所示。

图 5-19

其中，"块定义"对话框中各选项的含义介绍如下。

◎ 名称：用于设置块的名称。

◎ 基点：指定块的插入基点。用户可以输入坐标值定义基点，也可以单击"拾取点"按钮定义插入基点。

◎ 对象：指定新块中的对象和设置创建块之后如何处理对象。

◎ 方式：指定插入后的图块是否具有注释性、是否按统一比例缩放和是否允许被分解。

◎ 在块编辑器中打开：当创建块后，打开块编辑器可以编辑块。

◎ 说明：指定图块的文字说明。

绘图技巧

机械设计中符号等图形都需要重复绘制很多遍，如果先将这些复杂的图形创建成块，然后在需要的地方进行插入，这样绘图的速度会大大提高。

■ 实例：创建内部块

下面通过螺钉图块的创建来介绍内部块的创建，通过学习本案例，读者能够熟练掌握 AutoCAD 中如何创建内部块，其具体操作步骤介绍如下。

Step01 打开原始素材图形，选择对象，可以看到当前图形是由多个线条组成，如图 5-20 所示。

Step02 在"插入"选项卡的"块定义"面板中单击"创建块"按钮，打开"块定义"对话框，如图 5-21 所示。

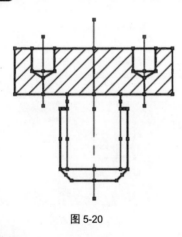

图 5-20

图 5-21

Step03 单击"选择对象"按钮，在绘图区中选择螺钉图形，如图 5-22 所示。

Step04 按 Enter 键确认，会返回"块定义"对话框，再单击"拾取点"按钮，在绘图区指定一点作为块的插入基点，如图 5-23 所示。

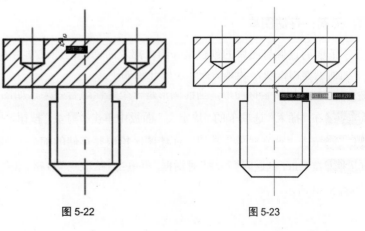

图 5-22

图 5-23

Step05 单击"确定"按钮返回"块定义"对话框，这里输入图块名称"螺钉"，如图 5-24 所示。

Step06 单击"确定"按钮关闭对话框，即可完成图块的创建。选择创建好的图块，可以看到图形已经成为一个整体，且会有"块参照"提示，如图 5-25 所示。

图 5-24

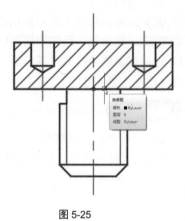

图 5-25

5.2.2 写块

写块是指将图形存储到本地磁盘中，也称为外部块。用户可以根据需要将块插入到其他图形文件中。用户可以通过以下方式创建外部块。

◎ 在"默认"选项卡的"块定义"面板中单击"写块"按钮。

◎ 在命令行输入 W 命令并按 Enter 键。

执行以上任意一种方法即可打开"写块"对话框，如图 5-26 所示。其中各选项的含义介绍如下。

◎ 块：将创建好的块保存至本地磁盘。

◎ 整个图形：将全部图形保存块。

◎ 对象：用户可以使用基点指定块的基点位置，使用"对象"选项组设置块和插入后如何处理对象。

◎ 目标：设置块的保存路径。

◎ 插入单位：设置插入后图块的单位。

图 5-26

■ 实例：存储图块

下面通过螺钉图块的创建来介绍内部块的创建，通过学习本案例，读者能够熟练掌握 AutoCAD 中如何创建内部块，其具体操作步骤介绍如下。

Step01 打开原始素材图形，当前图形是一个螺栓组合效果，如图 5-27 所示。

Step02 在"插入"选项卡的"块定义"面板中单击"写块"按钮，打开"写块"对话框，如图 5-28 所示。

Step03 单击"选择对象"按钮，在绘图区拾取要存储的部分，如图 5-29 所示。

Step04 按 Enter 键返回"写块"对话框，再单击"拾取点"按钮，在绘图区中指定一点作为块的插入基点，如图 5-30 所示。

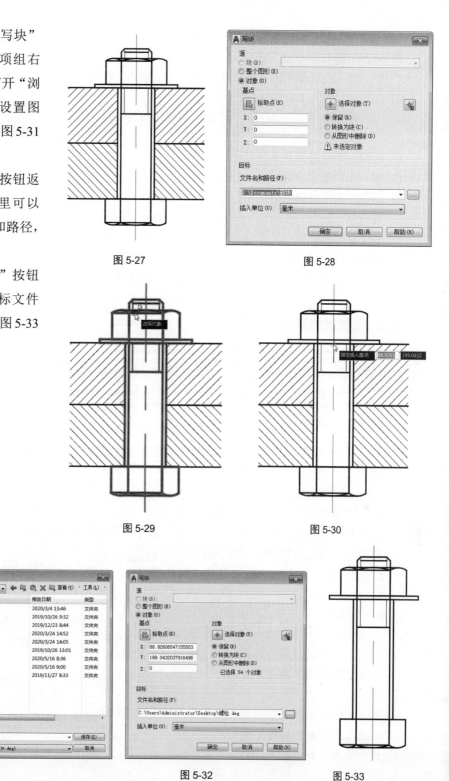

Step05 单击鼠标返回"写块"对话框，在"目标"选项组右侧单击"浏览"按钮，打开"浏览图形文件"对话框，设置图块存储位置和文件名，如图 5-31 所示。

Step06 再单击"保存"按钮返回"写块"对话框，这里可以看到图块的目标文件名和路径，如图 5-32 所示。

Step07 继续单击"确定"按钮完成图块的存储，从目标文件夹中打开存储的图块，如图 5-33 所示。

图 5-27

图 5-28

图 5-29

图 5-30

图 5-31

图 5-32

图 5-33

5.2.3 插入图块

当图形被定义为块之后，就可以使用"块"命令将图块插入到当前图形中。用户可以通过以下方式调用插入块命令。

◎ 执行"插入"|"块"命令。

◎ 在"插入"选项卡的"块"面板中单击"插入"按钮。

◎ 在命令行输入 I 命令并按 Enter 键。

执行以上任意一种方法即可打开"块"面板，如图 5-34 所示。

其中，各选项的含义介绍如下：

◎ 名称：用于选择插入块或图形的名称。

◎ 插入点：用于设置插入块的位置。

◎ 比例：用于设置块的比例。统一比例复选框用于确定插入
块在 X、Y、Z 这 3 个方向的插入块比例是否相同。若选
中该复选框，就只需要在 X 文本框中输入比例值。

◎ 旋转：用于设置插入图块的旋转度数。

◎ 分解：用于将插入的图块分解成组成块的各基本对象。

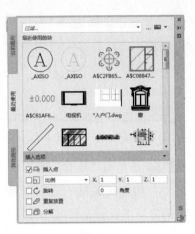

图 5-34

5.2.4 编辑图块属性

在 AutoCAD 中除了可以创建普通的块外，还可以创建带有附加信息的块，这些信息被称为属性。用户利用属性来跟踪类似于零件数量和价格等信息的数据，属性值是可变的，也是不可变的。在插入一个带属性的块时，AutoCAD 把固定的属性值随块添加到图形中，并提示哪些是可变的属性值。

1. 创建与附着属性

文字对象等属性包含在块中，若要进行编辑和管理块，就要先创建块的属性，使属性和图形一起定义在块中，才能在后期进行编辑和管理。

用户可以通过以下方式创建与附着属性。

◎ 执行"绘图"|"块"|"定义属性"命令。

◎ 在"插入"选项卡的"块定义"面板中单击"定义属性"按钮。

◎ 在命令行输入 ATTDEF 命令并按 Enter 键。

执行以上任意一种方法均可以打开"属性定义"对话框，如图 5-35 所示。

其中，"属性定义"对话框中各选项的含义介绍如下。

◎ 不可见：用于确定插入块后是否显示属性值。

◎ 固定：用于设置属性是否为固定值，为固定值时，当插入
块后该属性值不再发生变化。

◎ 验证：用于验证所输入阻抗的属性值是否正确。

◎ 预设：用于确定是否将属性值直接预置成它的默认值。

◎ 标记：用于输入属性的标记。

◎ 提示：用于输入插入块时系统显示的提示信息。

◎ 默认：用于输入属性的默认值。

◎ 在屏幕上指定：在绘图区中指定一点作为插入点。

◎ X/Y/Z：在文本框中输入插入点的坐标。

◎ 对正：用于设置文字的对齐方式。

图 5-35

AutoCAD 2020 机械设计课堂实录

◎ 文字样式：用于选择文字的样式。

◎ 文字高度：用于输入文字的高度值。

◎ 旋转：用于输入文字旋转角度值。

2. 编辑块的属性

定义块属性后，插入块时，如果不需要属性完全一致的块，就需要对块进行编辑操作。在"增强属性编辑器"对话框中可以对图块进行编辑。用户可以通过以下方式打开"增强属性编辑器"对话框。

◎ 执行"修改"|"对象"|"属性"|"单个"命令，根据提示选择块。

◎ 在命令行输入 EATTEDIT 命令并按 Enter 键，根据提示选择块。

执行以上任意一种方法即可打开"增强属性编辑器"对话框，如图 5-36 所示。

下面将对"增强属性编辑器"对话框中各选项卡的含义进行介绍。

图 5-36

◎ 属性：显示块的标识、提示和值。切换到"属性"选项卡，在对话框下方的"值"文本框中将会出现属性值，可以在该文本框中进行设置。

◎ 文字选项：该选项卡用来修改文字格式。其中包括文字样式、对正、高度、旋转、宽度因子、倾斜角度、反向和倒置等选项。

◎ 特性：在其中可以设置图层、线型、颜色、线宽和打印样式等选项。

绘图技巧

双击创建好的属性图块，同样可以打开"增强属性编辑器"对话框。

■ 实例：为机械图添加表面粗糙度符号

下面通过螺钉图块的创建来介绍内部块的创建，通过学习本案例，读者能够熟练掌握 AutoCAD 中如何创建内部块，其具体操作步骤介绍如下。

Step01 打开绘制并标注尺寸的轴承板图形，如图 5-37 所示。

Step02 利用极轴追踪功能绘制如图 5-38 所示尺寸的粗糙度符号。

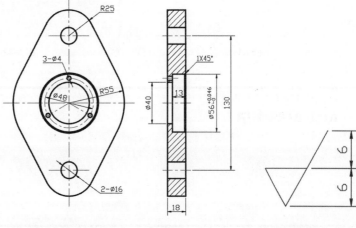

图 5-37   图 5-38

Step03 执行"绘图"|"块"|"定义属性"命令,打开"属性定义"对话框,在"属性"选项组中输入"标记""提示""默认"数值,再设置"文字高度"为4,如图 5-39 所示。

Step04 单击"确定"按钮,在绘图区指定属性位置,如图 5-40 所示。

图 5-39

图 5-40

Step05 执行"绘图"|"块"|"创建"命令,打开"块定义"对话框,选择对象并指定插入点,输入块名称,如图 5-41 所示。

Step06 单击"确定"按钮,此时会弹出"编辑属性"对话框,默认属性值为 3.2,如图 5-42 所示。

Step07 单击"确定"按钮关闭对话框,完成属性图块的创建,如图 5-43 所示。

Step08 照此操作方式再创建反方向的属性图块,如图 5-44 所示。

图 5-41

图 5-42

图 5-43

图 5-44

ACAA课堂笔记

AutoCAD 2020 机械设计课堂实录

Step09 复制并旋转图块，放置到需要的位置，如图 5-45 所示。

Step10 双击需要修改属性内容的图块，会打开"增强属性编辑器"对话框，在"值"输入框中输入要修改的内容，如图 5-46 所示。单击"确定"按钮即可完成修改操作。

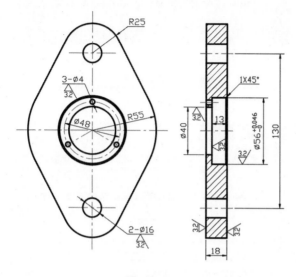

图 5-45

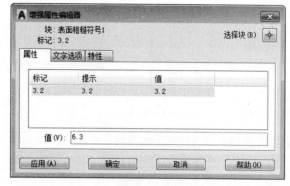

图 5-46

Step11 依次修改其他属性内容，完成本案例的操作，如图 5-47 所示。

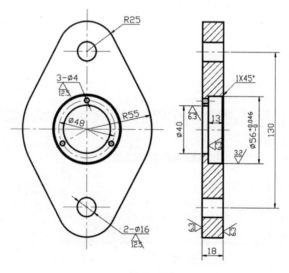

图 5-47

■ 课堂实战：绘制阀盖图

本章主要介绍了在机械制图中的辅助绘图操作，通过创建图层对所学知识进行巩固。下面将利用前面所学习的知识，为机械零件图创建图层。

Step01 执行"格式"|"图层"命令，打开"图层特性管理器"面板，如图 5-48 所示。

Step02 在面板中单击"新建"按钮，创建新图层，包括"轮廓线""中心线""辅助线"，如图 5-49 所示。

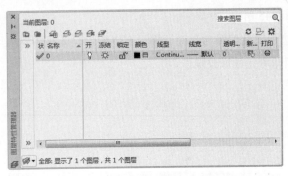

图 5-48

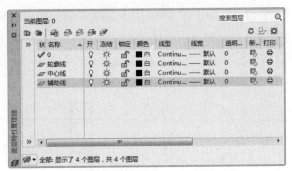

图 5-49

Step03 设置图层颜色。单击"颜色"图标，打开"选择颜色"对话框，设置"中心线"图层为红色，"辅助线"图层为 8 号灰色，"轮廓线"图层则保持默认的颜色，如图 5-50 所示。

Step04 设置线宽。在"轮廓线"图层上单击"线宽"按钮，打开"线宽"对话框，从列表中选择 0.30mm 选项，如图 5-51 所示。

Step05 设置线型。在"中心线"图层上单击"线型"设置按钮，打开"选择线型"对话框，如图 5-52 所示。

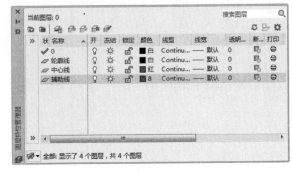

图 5-50

Step06 单击"加载"按钮，打开"加载或重载线型"对话框，并选择合适的线型，这里选择 CENTER 线型作为中心线的线型，如图 5-53 所示。

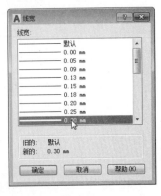

图 5-51

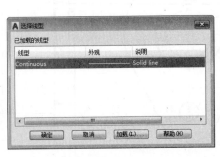

图 5-52

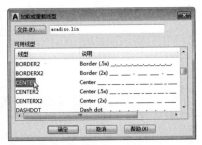

图 5-53

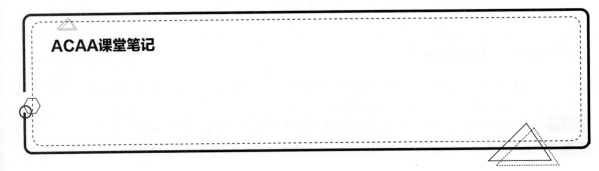

ACAA课堂笔记

Step07 单击"确定"按钮返回"选择线型"对话框，在这里选择 Center 线型，如图 5-54 所示。

Step08 继续单击"确定"按钮，返回"图层特性管理器"面板，可以看到创建完毕的图层列表，双击"轮廓线"图层将其设置为当前层，如图 5-55 所示。

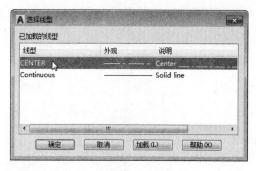

图 5-54

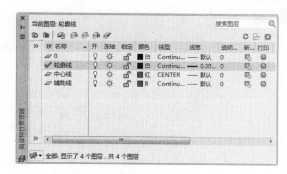

图 5-55

Step09 执行"矩形"命令，绘制尺寸为 75mm×75mm 的矩形，如图 5-56 所示。

Step10 执行"直线"命令，捕捉对角绘制交叉直线，如图 5-57 所示。

Step11 执行"圆"命令，捕捉矩形几何中心绘制 4 个直径分别为 20mm、28.5mm、36mm、70mm 的同心圆，如图 5-58 所示。

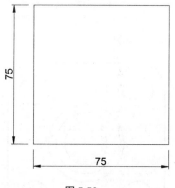

图 5-56

图 5-57

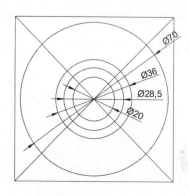

图 5-58

Step12 继续执行"圆"命令，捕捉直线和圆的交点绘制直径为 14mm 的 4 个圆，如图 5-59 所示。

Step13 删除交叉直线和多余的圆形，如图 5-60 所示。

Step14 执行"圆角"命令，设置圆角半径尺寸为 12.5mm，对矩形的 4 个角进行圆角处理，如图 5-61 所示。

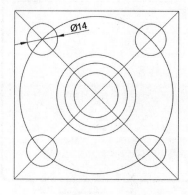

图 5-59

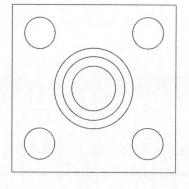

图 5-60

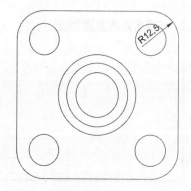

图 5-61

Step15 设置"中心线"图层为当前层,执行"直线"命令,为图形绘制中心线并进行旋转复制,设置线型比例为 0.5,如图 5-62 所示。

Step16 依次执行"缩放""修剪"命令,缩放斜向中心线并对其进行修剪操作,如图 5-63 所示。

Step17 执行"圆心,起点,端点"命令,绘制如图 5-64 所示半径为 35mm 的圆弧。

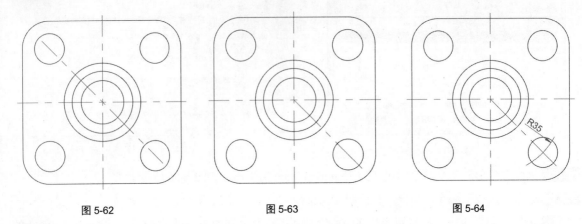

图 5-62　　　　　　　　　　图 5-63　　　　　　　　　　图 5-64

Step18 执行"环形阵列"命令,对小圆的中心线进行阵列操作,设置项目数为 4,如图 5-65 所示。

Step19 设置"辅助线"图层为当前层,执行"圆心,起点,端点"命令,绘制如图 5-66 所示的半径为 17mm 的圆弧。

Step20 在状态栏中单击"显示线宽"按钮,效果如图 5-67 所示。

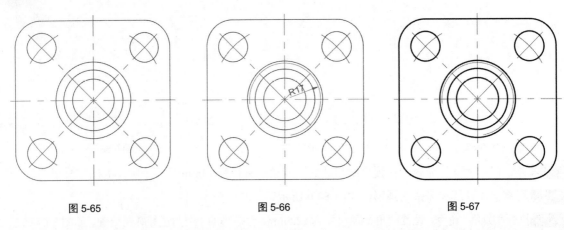

图 5-65　　　　　　　　　　图 5-66　　　　　　　　　　图 5-67

△

ACAA课堂笔记

102

课后作业

一、填空题

1. 在"_____"选项卡中，单击"图层"面板中的"图层特性"命令，打开_____，可设置和管理图层。

2. 在 AutoCAD 中，系统默认的线型是_____。

3. 插入块的快捷命令是_____。

二、选择题

1. 在对不同图层上的两个非多段线进行圆角操作时，半径不为 0，新生成的圆弧位于（　　　）。
    A. 在第一个对象所在的图层上
    B. 在第二个对象所在的图层上
    C. 在当前图层上
    D. 在 0 层上

2. （　　　）方法不能插入创建好的块。
    A. 从资源管理器中将图形文件图标拖放到绘图区
    B. 从设计中心插入块
    C. 用粘贴命令插入块
    D. 用插入命令 insert 插入块

3. 一条直线在 0 图层，颜色为 bylayer，通过偏移操作后（　　　）。
    A. 该直线仍在 0 图层
    B. 该直线可能在其他图层上，颜色不变
    C. 该直线可能在其他层上，颜色与所在层一致
    D. 偏移只相当于复制

4. 如果要删除一个无用块，使用（　　　）命令。
    A. PURGE   B. DELETE
    C. ESC   D. UPDATE

三、操作题

1. 创建图层，绘制如图 5-68 所示的机械图形。
本实例将利用图层特性功能，创建相关图层，并综合利用绘图、编辑命令绘制图形。

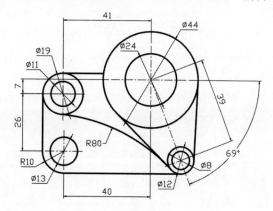

图 5-68

操作提示：

Step01 执行"图层特性"命令，创建图层。

Step02 利用绘图、编辑工具根据图中尺寸绘制图形。

2. 绘制并创建如图 5-69 所示的机械图块。

本实例将利用各种绘图工具先绘制出图形，然后利用"创建块"命令将其创建成图块。

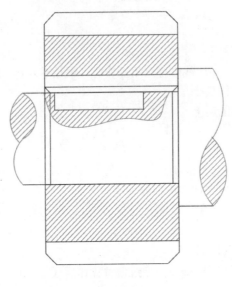

图 5-69

操作提示：

Step01 综合利用绘图、编辑命令绘制图形。

Step02 执行"创建块"命令将其图形创建成块。

第 6 章

文本与表格的应用

内容导读

　　本章将介绍文本与表格的应用，在机械设计中，文字和表格是图纸中不可缺少的重要内容，多用于各种注释说明、零件明细等，是零部件加工生产的依据。通过本章的学习，可以使用户的制图更加规范。

学习目标

>> 熟悉表格的应用

>> 掌握文字的应用

6.1 文字的应用

文字是机械图形的重要组成部分，文字操作主要用于技术说明和标题栏的填写，几乎所有的图形结构中都包含了尺寸标注文字或图形解释文字，这些文字一般统称为技术注释。下面将介绍创建与修改文字样式，创建与修改文字。

6.1.1 创建与修改文字样式

文字样式是对同一类文字的格式设置的集合，包括字体、字高、显示效果等。在插入文字前，应首先定义文字样式，以指定字体、高度等参数，然后用定义好的文字样式进行标注。

1. 创建文字样式

在实际绘图中，用户可以根据要求设置文字样式和创新的样式，设置文字样式，可以使文字标注看上去更加美观和统一。通常在创建文字注释和尺寸标注时，所使用的文字样式为当前的文字样式。文字样式包括选择字体文件、设置文字高度、设置宽度比例、设置文字显示等。用户可以通过以下方式打开"文字样式"对话框，如图 6-1 所示。

◎ 执行"格式"|"文字样式"命令。

◎ 在"默认"选项卡的"注释"面板中，单击"注释"下拉菜单按钮，在弹出的列表中选择"文字注释"按钮 A̶。

◎ 在"注释"选项卡的"文字"面板中单击右下角箭头 ↘。

◎ 在命令行输入 ST 命令并按 Enter 键。

图 6-1

其中，"文字样式"对话框中各选项的含义介绍如下。

◎ 样式：显示已有的文字样式。单击"所有样式"列表框右侧的三角符号，在弹出的列表中可以设置"样式"列表框是显示所有样式还是正在使用的样式。

◎ 字体：包含"字体名"和"字体样式"选项。"字体名"用于设置文字注释的字体。"字体样式"用于设置字体格式，例如斜体、粗体或者常规字体。

◎ 大小：包含"注释性""使文字方向与布局匹配"和"高度"选项，其中注释性用于指定文字为注释，高度用于设置字体的高度。

◎ 效果：修改字体的特性，如高度、宽度因子、倾斜角度以及是否反向显示。

◎ 置为当前：将选定的样式置为当前。

◎ 新建：创建新的样式。

◎ 删除：单击"样式"列表框中的样式名，会激活"删除"按钮，单击该按钮即可删除样式。

> **绘图技巧**
>
> 在操作过程中，系统无法删除已经被使用了的文字样式、默认的 Standard 样式及当前文字样式。

2. 修改文字样式

如果在绘制图形时，创建的文字样式太多，这时我们就可以通过"重命名"和"删除"来管理文字样式。

执行"格式"|"文字样式"命令，打开"文字样式"对话框，在文字样式上单击鼠标右键，在弹出的快捷菜单中选择"重命名"选项，输入"文字注释"后按 Enter 键即可重命名。单击"置为当前"按钮，即可将该样式置为当前。

■ 6.1.2　单行文字

AutoCAD 中的文字有单行和多行之分。"单行文字"主要用于创建不需要使用多种字体的简短内容。它的每一行都是一个文字对象。而"多行文字"命令输入的是一个整体，不能对每行文字进行单独处理。

1. 创建单行文字

用户可以通过以下方式调用"单行文字"命令：

◎ 执行"绘图"|"文字"|"单行文字"命令。

◎ 在"默认"选项卡的"文字注释"面板中单击"单行文字"按钮Aｌ。

◎ 在"注释"选项卡的"文字"面板中，单击"文字"下拉菜单按钮，在弹出的列表中选择"单行文字"按钮Aｌ。

◎ 在命令行输入 TEXT 命令并按 Enter 键。

执行"绘图"|"文字"|"单行文字"命令。在绘图区指定一点，根据提示输入高度为100，角度为0，并输入文字，在文字之外的位置单击鼠标左键，即可完成创建单行文字操作。

设置后命令行提示如下：

```
命令：_text
当前文字样式："Standard"　文字高度：50.0000 注释性：否 对正：左
指定文字的起点 或 [ 对正 (J)/ 样式 (S)]:
指定高度 <50.0000>: 100
指定文字的旋转角度 <0>: 0
```

由命令行可知，单行文字的设置由对正和样式组成，下面具体介绍各选项的含义。

（1）对正

"对正"选项主要是对文本的排列方式和排列方向进行设置。根据提示输入 J 后，命令行提示如下：

```
输入选项 [ 左 (L)/ 居中 (C)/ 右 (R)/ 对齐 (A)/ 中间 (M)/ 布满 (F)/ 左上 (TL)/ 中上 (TC)/ 右上 (TR)/ 左中 (ML)/ 正中 (MC)/
右中 (MR)/ 左下 (BL)/ 中下 (BC)/ 右下 ( BR)]:
```

◎ 居中：确定标注文本基线的中点，选择该选项后，输入后的文本均匀地分布在该中点的两侧。

◎ 对齐：指定基线的第一端点和第二端点，通过指定的距离，输入的文字只保留在该区域。输入文字的数量取决文字的大小。

◎ 中间：文字在基线的水平点和指定高度的垂直中点上对齐，中间对齐的文字不保持在基线上。"中间"选项和"正中"选项不同，"中间"选项使用的中点是所有文字包括下行文字在内的中点，而"正中"选项使用大写字母高度的中点。

◎ 布满：指定文字按照由两点定义的方向和一个高度值布满整个区域，输入的文字越多，文字之间的距离就越小。

（2）样式

用户可以选择需要使用的文字样式。执行"绘图"|"文字"|"单行文字"命令。根据提示输入

S 命令并按 Enter 键，然后在输入设置好的样式的名称，即可显示当前样式的信息，这时，单行文字的样式将发生更改。

设置后命令行提示如下：

```
命令：_text
当前文字样式："Standard" 文字高度：100.0000 注释性：否 对正：布满
指定文字基线的第一个端点 或 [ 对正 (J)/ 样式 (S)]: s
输入样式名或 [?] <Standard>: 文字注释
当前文字样式："Standard" 文字高度：180.0000 注释性：否 对正：布满
```

绘图技巧

若想将文字进行竖排版，则在输入文字前，将光标向下移动，来确定竖排方向即可。在输入文字的过程中，可以随时改变文字的位置。如果在输入文字的过程中想改变后面输入的文字位置，可指定新位置，并输入文本内容。

2. 编辑单行文字

用户可以执行 TEXTEDIT 命令编辑单行文本内容，还可以通过"特性"选项板修改对正方式和缩放比例等。

（1）TEXTEDIT 命令

用户可以通过以下方式执行文本编辑命令：

◎ 执行"修改"|"对象"|"文字"|"编辑"命令。

◎ 在命令行输入 TEXTEDIT 命令并按 Enter 键。

◎ 双击单行文本。

执行以上任意一种方法，即可进入文字编辑状态，就可以对单行文字进行相应的修改。

（2）"特性"选项板

选择需要修改的单行文本，单击鼠标右键，在弹出的快捷菜单中选择"特性"选项。打开"特性"选项板，如图 6-2 所示。其中，选项板中各选项的含义介绍如下：

◎ 常规：设置文本的颜色和图层。

◎ 三维效果：设置三维材质。

◎ 文字：设置文字的内容、样式、注释性、对正、高度、旋转、宽度因子和倾斜角度等。

◎ 几何图形：修改文本的位置。

◎ 其他：修改文本的显示效果。

图 6-2

6.1.3 多行文字

多行文字常用于标注图形的技术要求和说明等，与单行文字不同的是，多行文字整体是一个文字对象，每一单行不能单独编辑。多行文字的优点是有更丰富的段落和格式编辑工具，特别适合创建大篇幅的文字说明。

1. 创建多行文字

用户可以通过以下方式调用“多行文字”命令：

◎ 执行“绘图”|“文字”|“多行文字”命令。

◎ 在“默认”选项卡的“文字注释”面板中单击“多行文字”按钮A。

◎ 在“注释”选项卡的“文字”面板中，单击“文字”下拉菜单按钮，在弹出的列表中选择“多行文字”按钮A。

◎ 在命令行输入 MTEXT 命令并按 Enter 键。

执行“多行文本”命令后，在绘图区指定对角点，即可输入多行文字，输入完成后单击功能区右侧的“关闭文字编辑器”按钮，即可创建多行文本。

设置多行文本的命令行提示如下：

```
命令：_mtext
当前文字样式："文字注释" 文字高度：180 注释性：否
指定第一角点：
指定对角点或 [ 高度 (H)/ 对正 (J)/ 行距 (L)/ 旋转 (R)/ 样式 (S)/ 宽度 (W)/ 栏 (C)]:
```

2. 编辑多行文字

编辑多行文本和单行文本的方法一致，用户可以执行 TEXTEDIT 命令进行编辑多行文本内容，还可以通过“特性”选项板修改对正方式和缩放比例等。

编辑多行文本的“特性”面板的“文字”卷展栏内增加“行距比例”“行间距”“行距样式”和“背景遮罩”等选项，但缺少了“倾斜”和“宽度”选项，相应的“其他”选项组却消失了。

■ 实例：替换段落文字中的内容

下面介绍文字查找与替换功能的应用，操作步骤介绍如下。

Step01 打开素材文件，如图 6-3 所示。

Step02 双击段落文字进入编辑状态，如图 6-4 所示。

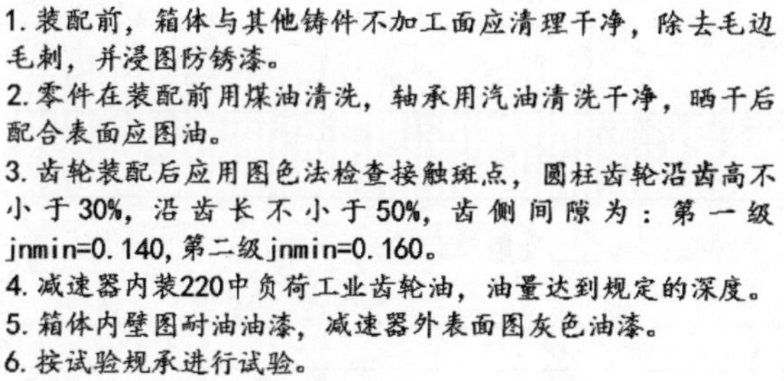
1. 装配前，箱体与其他铸件不加工面应清理干净，除去毛边毛刺，并浸图防锈漆。
2. 零件在装配前用煤油清洗，轴承用汽油清洗干净，晒干后配合表面应图油。
3. 齿轮装配后应用图色法检查接触斑点，圆柱齿轮沿齿高不小于30%，沿齿长不小于50%，齿侧间隙为：第一级jnmin=0.140，第二级jnmin=0.160。
4. 减速器内装220中负荷工业齿轮油，油量达到规定的深度。
5. 箱体内壁图耐油油漆，减速器外表面图灰色油漆。
6. 按试验规承进行试验。

图 6-3

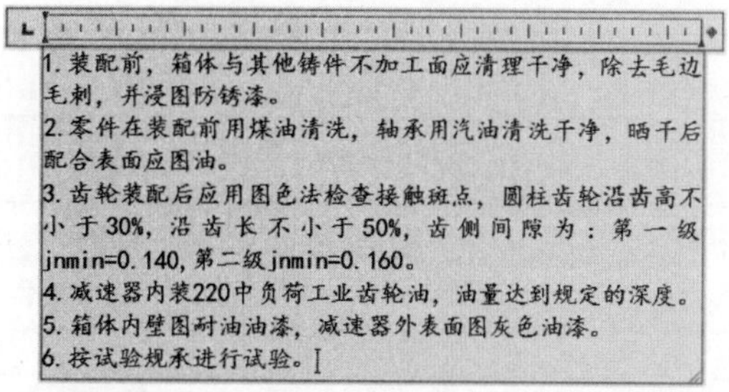
1. 装配前，箱体与其他铸件不加工面应清理干净，除去毛边毛刺，并浸图防锈漆。
2. 零件在装配前用煤油清洗，轴承用汽油清洗干净，晒干后配合表面应图油。
3. 齿轮装配后应用图色法检查接触斑点，圆柱齿轮沿齿高不小于30%，沿齿长不小于50%，齿侧间隙为：第一级jnmin=0.140，第二级jnmin=0.160。
4. 减速器内装220中负荷工业齿轮油，油量达到规定的深度。
5. 箱体内壁图耐油油漆，减速器外表面图灰色油漆。
6. 按试验规承进行试验。

图 6-4

Step03 在“文字编辑器”选项卡的“工具”面板中单击“查找和替换”按钮，打开“查找和替换”对话框，分别输入要查找的文字内容和要替换的内容，如图 6-5 所示。

Step04 单击“全部替换”按钮，此时系统会弹出已替换的提示，如图 6-6 所示。

Step05 单击“确定”按钮关闭提示框，再关闭“查找和替换”对话框，完成替换操作，在绘图区空白处单击，退出编辑状态，如图 6-7 所示。

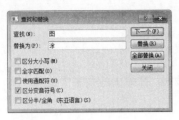

图 6-5

图 6-6

1.装配前，箱体与其他铸件不加工面应清理干净，除去毛边毛刺，并浸涂防锈漆。

2.零件在装配前用煤油清洗，轴承用汽油清洗干净，晒干后配合表面应涂油。

3.齿轮装配后应用涂色法检查接触斑点，圆柱齿轮沿齿高不小于30%，沿齿长不小于50%，齿侧间隙为：第一级 jnmin=0.140，第二级 jnmin=0.160。

4.减速器内装220中负荷工业齿轮油，油量达到规定的深度。

5.箱体内壁涂耐油油漆，减速器外表面涂灰色油漆。

6.按试验规承进行试验。

图 6-7

6.2 特殊字符

在市政设计绘图中，常需要标注一些特殊字符，如度数符号"°"、公差符号"±"、直径符号"φ"、上划线、下划线和钢筋符号"A、B、C 和 D"等。下面分别介绍这些特殊字符的输入方法。

1.特殊字符在单行文本中的应用

单行文字输入时，用户可通过 AutoCAD 提供的控制码来实现特殊字符的输入。控制码由两个百分号和一个字母（或一组数字）组成。常见字符代码如表 6-1 所示。

表 6-1 常见字符代码表

代　码	功　能
%%O	打开或关闭文字上划线
%%U	打开或关闭文字下划线
%%D	标注度（°）符号
%%P	标注正负公差（±）符号
%%C	直径（ϕ）符号
%%%	百分号（%）符号
\U+2220	角度∠
\U+2260	不相等≠
\U+2248	几乎等于≈
\U+0394	差值△

ACAA课堂笔记

知识点拨

（1）txt 之类字体指 txt、txt1、txt2 和 txt… 等字体，tssdeng 之类字体指 tssdeng、tssdeng1、tssdeng2 和 tssdeng… 等字体；

（2）txt 字体为系统自带，其余上述字体需用户自行搜集并扩充加载。

2. 特殊字符在多行文本中的应用

多行文字输入时，可以通过单击"插入字符"按钮，并从弹出的"符号"菜单中选择相应特殊字符（表 1 序号 1~3）；选择相应文字后，单击上划线按钮和下划线按钮，设置上划线和下划线（表 1 序号 4~5）。用户也可以通过控制码的方式，输入表 1 序号 1~3 中的特殊字符。

在多行文字中输入钢筋的 4 个符号之前，需要收集字体 SJQY 并将其添加到 C:\Windows\Fonts 中。之后重新启动 AutoCAD 程序，激活多行文字的"文字格式"对话框。在不改变该多行文字"样式"的前提下，仅点击"文字"栏选择字体 SJQY，再分别输入大小字母 A、B、C 或 D，即可得到相应的钢筋符号 A、B、C 或 D。用户也可以先输入大小字母 A、B、C 或 D，再选中相应字母后修改其文字为字体 SJQY。

3. 利用中文输入法输入特殊字符

利用中文输入法自带的软键盘，可方便地输入希腊字母、标点符号、数序符号和特殊符号等。如度数符号"°"在"C.特殊符号"中、公差符号"±"在"0.数学符号"中、直径符号"φ"在"2.希腊字母"中、大小罗马序号在"9.数学序号"中。当然，以该方法输入的特殊字符，在显示效果上与前述控制码或按钮输入的可能会有所不同。

右键单击软键盘符号，在弹出的快捷菜单中选择相应类别，即可进入该类别的软键盘界面，如图 6-8 所示。用鼠标左键单击所需字符，即可将其输入到单行或多行文本中。

1	PC 键盘	asdfghjkl;
2	希腊字母	αβγδε
3	俄文字母	абвгд
4	注音符号	ㄅㄆㄍㄐ
5	拼音字母	āáěèò
6	日文平假名	あいうえお
7	日文片假名	アイウヴェ
8	标点符号	『‖々·』
9	数字序号	ⅠⅡⅢ㈠①
0	数学符号	±×÷∑√
A	制表符	┐┼┠╀
B	中文数字	壹贰千万兆
C	特殊符号	▲☆◆□→

关闭软键盘 (L)

图 6-8

■ **实例：输入带有特殊字符的文字内容**

下面为创建的文字中添加特殊字符，操作步骤介绍如下。

Step01 执行"绘图"|"文字"|"多行文字"命令，在绘图区指定对角点，如图 6-9 所示。

Step02 创建文本输入框，如图 6-10 所示。

图 6-9

图 6-10

Step03 在“文字编辑器”选项卡中设置文字的高度、字体及对齐方式等，如图 6-11 所示。

默认 插入 注释 参数化 视图 管理 输出 附加模块 协作 精选应用 文字编辑器
AaBb123
Annotative
AaBb123
Standard
注释性
10
遮罩
样式
匹配
txt
ByLayer
清除
格式
对正
项目符号和编号
行距
段落
列
符号
字段
插入
拼写检查
编辑词典
拼写检查
查找和替换
工具
更多
标尺
选项
关闭文字编辑器
关闭

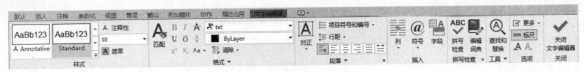

图 6-11

Step04 设置完毕后，在文本输入框中输入文字内容，如图 6-12 所示。

Step05 接着在输入框中输入特殊字符 %%c，输入完毕后会自动变成 ϕ 符号，如图 6-13 所示。

1.调质230-260HB，高频淬火50-58HRC（螺纹表面除外）。
2.

图 6-12

1.调质230-260HB，高频淬火50-58HRC（螺纹表面除外）。
2.ø

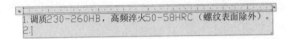

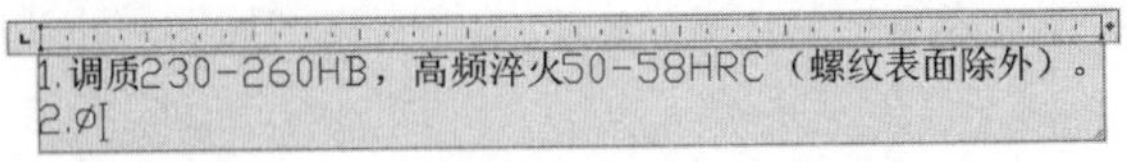

图 6-13

Step06 继续输入内容 32-0.025/-0.087，如图 6-14 所示。

Step07 选择内容 -0.025/-0.087 并单击鼠标右键，在弹出的快捷菜单中选择“堆叠”选项，堆叠效果如图 6-15 所示。

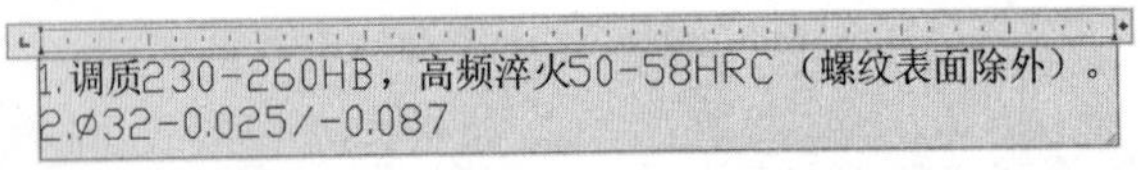

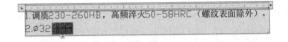

1.调质230-260HB，高频淬火50-58HRC（螺纹表面除外）。
2.ø32-0.025/-0.087

图 6-14

1.调质230-260HB，高频淬火50-58HRC（螺纹表面除外）。
2.ø32

图 6-15

Step08 单击“闪电”符号，在展开的列表中选择“堆叠特性”选项，打开“堆叠特性”对话框，设置外观样式为“公差”，其余参数默认，如图 6-16 所示。

Step09 单击“确定”按钮完成公差的设置，如图 6-17 所示。

Step10 继续输入文字内容，其中“%%c”表示的 ϕ，“%%p”表示“±”符号，完成文字说明的输入，如图 6-18 所示。

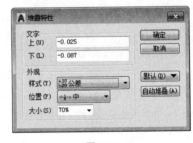

堆叠特性
文字
上(U)
-0.025
下(L)
-0.087
确定
取消
外观
样式(Y)
公差
位置(P)
中
大小(S)
70%
默认(D)
自动堆叠(A)

图 6-16

1.调质230-260HB，高频淬火50-58HRC（螺纹表面除外）。
2.ø32-0.025 -0.087

图 6-17

1.调质230-260HB，高频淬火50-58HRC（螺纹表面除外）。
2.ø32-0.025 -0.087两轴圆柱面对ø50±0.08轴线的圆跳动公差为0.04。
3.线性未注公差为GB/T1804-m。

图 6-18

6.3 字段的使用

字段也是文字，等价于可以自动更新的“智能文字”，就是可能会在图形生命周期中修改的数据的更新文字，设计人员在工程图中如果需要引用这些文字或数据，可以采用字段的方式引用，这样当字段所代表的文字或数据发生变化时，字段会自动更新，就不需要手动修改。

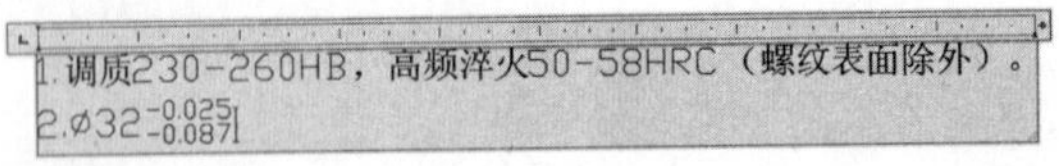

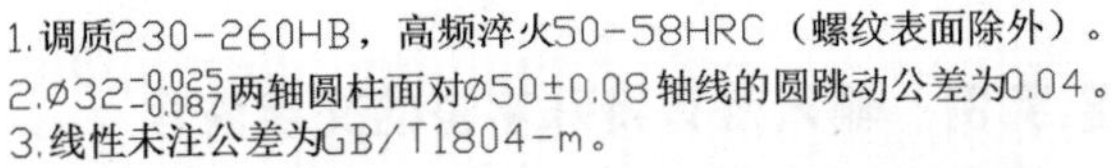

▌6.3.1 插入字段

字段可以插入到任意种类的文字（公差除外）中，其中包括表单元、属性和属性定义中的文字。用户可通过以下方法插入字段：

◎ 执行"插入"|"字段"命令。

◎ 在文字输入框中单击鼠标右键，在弹出的快捷菜单中选择"插入字段"命令，即可打开"字段"对话框，如图 6-19 和图 6-20 所示。

◎ 在"文字编辑器"选项卡的"插入"面板中单击"字段"按钮。

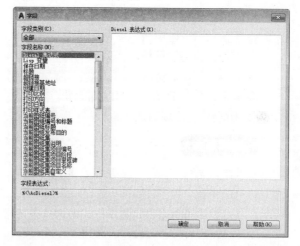

图 6-19　　　　　　　　　　　　　　　　　　　图 6-20

用户可单击"字段类别"下拉按钮，在打开的列表中选择字段的类别，其中包括打印、对象、其他、全部、日期和时间、图纸集、文档和已链接这 8 个类别选项，选择其中任意选项，则会打开与之相应的样例列表，并对其进行设置，如图 6-21 和图 6-22 所示。

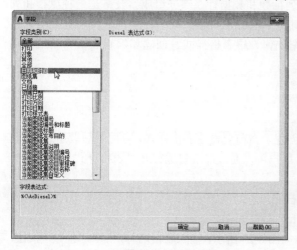

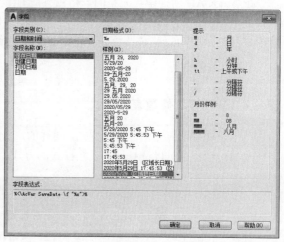

图 6-21　　　　　　　　　　　　　　　　　　　图 6-22

字段文字所使用的文字样式与其插入到的文字对象所使用的样式相同。默认情况下，在AutoCAD 中的字段将使用浅灰色进行显示。

6.3.2 更新字段

字段更新时，将显示最新的值。在此可单独更新字段，也可在一个或多个选定文字对象中更新所有字段。用户可以通过以下方式进行更新字段的操作：

◎ 选择文本，单击鼠标右键，在弹出的快捷菜单中选择"更新字段"命令。

◎ 在命令行输入 UPD 命令，然后按 Enter 键。

◎ 在命令行中输入 FIELDEVAL 命令，然后按 Enter 键，根据命令行提示输入合适的位码即可。该位码是常用标注控制符中任意值的和。如仅在打开、保存文件时更新字段，可输入数值 3。

常用标注控制符说明如下：

◎ 0 值：不更新。

◎ 1 值：打开时更新。

◎ 2 值：保存时更新。

◎ 4 值：打印时更新。

◎ 8 值：使用 ETRANSMIT 时更新。

◎ 16 值：重生成时更新。

知识点拨

当字段插入完成后，如果想对其进行编辑，可选中该字段，单击鼠标右键，在弹出的快捷菜单中选择"编辑字段"选项，即可在"字段"对话框中进行设置。如果想将字段转换成文字，就需要右键单击所需字段，在弹出的快捷菜单中选择"将字段转换为文字"选项即可。

6.4 表格的应用

在 AutoCAD 软件中，完整的表格由标题行、列标题和数据行 3 部分组成。表格是一种以行和列格式提供信息的工具，最常见的用法是型号表和其他一些关于材料、规格的表格。使用表格可以帮助用户清晰地表达一些统计数据。下面将主要介绍如何设置表格样式、创建和编辑表格和调用外部表格等知识。

6.4.1 创建与修改表格样式

在创建文字前应先创建文字样式，同样的，在创建表格前要设置表格样式，方便之后调用。在"表格样式"对话框中可以选择设置表格样式的方式，用户可以通过以下方式打开"表格样式"对话框：

◎ 执行"格式"|"表格样式"命令。

◎ 在"注释"选项卡中，单击"表格"面板右下角的箭头。

◎ 在命令行输入 TABLESTYLE 命令并按 Enter 键。

打开"表格样式"对话框后单击"新建"按钮，如图 6-23 所示。输入表格名称，单击"继续"按钮，即可打开"新建表格样式"对话框，如图 6-24 所示。

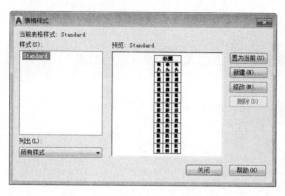

图 6-23

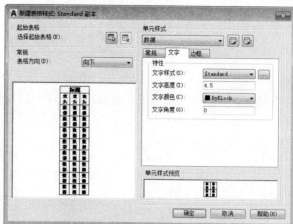

图 6-24

下面将具体介绍"表格样式"对话框中各选项的含义。

◎ 样式：显示已有的表格样式。单击"所有样式"列表框右侧的三角符号，在弹出的下拉列表中，可以设置"样式"列表框是显示所有表格样式还是正在使用的表格样式。

◎ 预览：预览当前的表格样式。

◎ 置为当前：将选中的表格样式置为当前。

◎ 新建：单击"新建"按钮，即可新建表格样式。

◎ 修改：修改已经创建好的表格样式。

在"新建表格样式"对话框中，在"单元样式"选项组"标题"下拉列表框包含"数据""标题"和"表头" 3 个选项，在"常规""文字"和"边框" 3 个选项卡中，可以分别设置"数据""标题"和"表头"的相应样式。

1. 常规

在"常规"选项卡中可以设置表格的颜色、对齐方式、格式、类型和页边距等特性。下面具体介绍该选项卡各选项的含义。

◎ 填充颜色：设置表格的背景填充颜色。

◎ 对齐：设置表格文字的对齐方式。

◎ 格式：设置表格中的数据格式，单击右侧的 ▢▢ 按钮，即可打开"表格单元格式"对话框，在对话框中可以设置表格的数据格式，如图 6-25 所示。

◎ 类型：设置是数据类型还是标签类型。

◎ 页边距："水平"和"垂直"选项用于设置表格内容距边线的水平和垂直距离，如图6-26所示。

图 6-25

图 6-26

2. 文字

切换到"文字"选项卡，在该选项卡中主要设置文字的样式、高度、颜色、角度等，如图 6-27 所示。

3. 边框

切换到"边框"选项卡，在该选项卡中可以设置表格边框的线宽、线型、颜色等选项，此外，还可以设置有无边框或是否是双线，如图 6-28 所示。

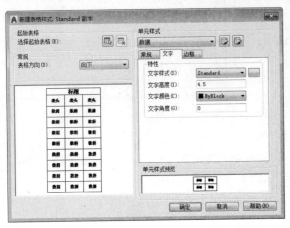

图 6-27

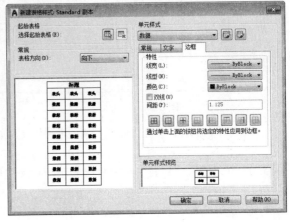

图 6-28

■ 6.4.2 创建表格

在 AutoCAD 中可以直接创建表格对象，而不需要单独用直线绘制表格，创建表格后可以进行编辑操作。用户可以通过以下方式调用创建表格命令：

◎ 执行"绘图"|"表格"命令。
◎ 在"注释"选项卡的"表格"面板中单击"表格"按钮▦。
◎ 在命令行输入 TABLE 命令并按 Enter 键。

打开"插入表格"对话框，从中设置列和行的相应参数，单击"确定"按钮，然后在绘图区指定插入点即可创建表格。

■ 6.4.3 编辑表格

当创建表格后，如果对创建的表格不满意，可以编辑表格。在 AutoCAD 中可以使用夹点、选项板进行编辑操作。

1. 夹点

在 AutoCAD 中，不仅可以对整体的表格进行编辑，还可以对单独的单元格进行编辑，用户可以单击并拖动夹点调整宽度或在快捷菜单中进行相应的设置。单击表格，表格上将出现编辑的夹点，如图 6-29 所示。

2. 选项板

在"特性"选项板中也可以编辑表格，在"表格"卷展栏中可以设置表格样式、方向、表格宽度和表格高度。双击需要编辑的表格，就会弹出"特性"选项板，如图 6-30 所示。

拖动夹点
调整列宽
并拉伸表格

整体拉伸
表格宽度

		碳钢产品所使用的盘元	
序号	种类	可选用的材质	
1	4.8级六角螺栓	1008K 1010 1015K	
2	6.8级六角螺栓	1032 1035 1040 CH38F 1039	
3	8.8级六角螺栓	1035(M10以下) 1040ACR(M12以上)	
4	8.8级内六角螺栓	CH38F 1039 10B21 (M10-M12)	
5	10.9级六角螺栓	1045ACR 10B38	
6	8级六角螺帽	1015(M<16)CH38F(M>16)	

表格打断点

整体拉伸
表格高度

图 6-29

表格	
表格样式	Standard 副本
行数	8
列数	4
方向	向下
表格宽度	280
表格高度	174
几何图形	+
表格打断	—
启用	否
方向	右
重复上部标签	否
重复底部标签	否
手动位置	否
手动高度	否
打断高度	0
间距	24.75

图 6-30

知识拓展

在 AutoCAD 中，将 Excel 表格导入 AutoCAD 有 3 种方法。

第一种：执行"插入" |"LOE 对象"命令，弹出"插入对象"对话框，选中"由文件创建"单选按钮，再单击"浏览"按钮，选取 Excel 表格文档。

第二种：打开 Excel，选中表格区域，按下组合键 Ctrl+C，然后转到 AutoCAD 界面，按下组合键 Ctrl+V，这样整个表格则被导入 AutoCAD 中。

第三种：在命令行输入 table，弹出"插入表格"对话框，选中"自数据链接"单选按钮，然后单击"数据链接管理器"按钮，弹出"选择数据链接"对话框，选择创建新的 Excel 数据链接，单击"浏览"按钮，选取 Excel 文档。

■ 实例：将 Excel 表格调入 AutoCAD

下面通过破碎机所需材料表来介绍将 Excel 表格调入 AutoCAD，通过学习本案例，读者能够熟练掌握 AutoCAD 中将 Excel 表格调入 AutoCAD 中，操作步骤介绍如下。

Step01 执行"绘图" |"表格"命令，打开"插入表格"对话框，如图 6-31 所示。

Step02 在"插入选项"选项组中，选中"自数据链接"单选按钮，然后单击右侧的"数据链接管理器"按钮，弹出"选择数据链接"对话框，如图 6-32 所示。

Step03 在"选择数据链接"对话框中单击"创建新的 Excel 数据链接"选项，打开"输入数据链接名称"对话框，并输入名称，如图 6-33 所示。

图 6-31

图 6-32

图 6-33

Step04 单击"确定"按钮，打开"新建 Excel 数据链接：材料表"对话框，并单击"浏览文件"按钮，如图 6-34 所示。

Step05 打开"另存为"对话框，在该对话框中选择文件，并单击"打开"按钮，如图 6-35 所示。

Step06 返回"新建 Excel 数据链接：材料表"对话框，这里可以预览到表格效果，如图 6-36 所示。

图 6-34　　　　　　　　　　图 6-35　　　　　　　　　　图 6-36

Step07 依次单击"确定"按钮，返回绘图区中，单击鼠标指定插入点，即可插入表格，如图 6-37 所示。

Step08 选择表格，可以看到当前表格内容已被锁定，如图 6-38 所示。

Step09 在"表格单元"选项卡的"单元格式"面板中，单击"解锁"按钮，调整表格，完成本次操作，如图 6-39 所示。

破碎机所需零件表				
序号	代号	名称	数量	材料
1	K2540-24	挡板	4	Q235B
2	K2540-25	压紧螺栓	2	Q235B
3	K2540-26	调整螺栓	1	Q235B
4	K2540-31	弹簧	1	60Si2Mn
5	K2540-32	托盘	1	HT 200
6	K2540.1	机架	1	焊接件
7	K2540-2	螺塞	1	Q235B
8	K2540-3	垫圈	4	工业用纸
9	K2540-4	密封环	1	HT 200
10	K2540G-2	挡圈	2	Q235B
11	TP-1	产品标牌	1	ML2
12	GB/T 827	铆钉 3×6	4	ML2
13	GB/T 6170	螺母 M30	1	8
14	GB/T 825	吊环螺钉 M10	2	25
15	K2540G-5	驱动皮带轮	1	HT 200
16	K2540G-3	小皮带轮	1	HT 200
17	K2540G-4	轴套	1	Q235B
18	K2540G.5	给料箱	1	焊接件

图 6-37

图 6-38

破碎机所需零件表				
序号	代号	名称	数量	材料
1	K2540-24	挡板	4	Q235B
2	K2540-25	压紧螺栓	2	Q235B
3	K2540-26	调整螺栓	1	Q235B
4	K2540-31	弹簧	1	60Si2Mn
5	K2540-32	托盘	1	HT 200
6	K2540.1	机架	1	焊接件
7	K2540-2	螺塞	1	Q235B
8	K2540-3	垫圈	4	工业用纸
9	K2540-4	密封环	1	HT 200
10	K2540G-2	挡圈	2	Q235B
11	TP-1	产品标牌	1	ML2
12	GB/T 827	铆钉 3×6	4	ML2
13	GB/T 6170	螺母 M30	1	8
14	GB/T 825	吊环螺钉 M10	2	25
15	K2540G-5	驱动皮带轮	1	HT 200
16	K2540G-3	小皮带轮	1	HT 200
17	K2540G-4	轴套	1	Q235B
18	K2540G.5	给料箱	1	焊接件

图 6-39

■ 课堂实战：创建并编辑文字说明

下面通过创建并编辑机械说明来介绍创建并编辑文本，通过学习本案例，读者能够熟练掌握 AutoCAD 中如何创建并编辑文本，其具体操作步骤介绍如下。

Step01 执行"绘图"|"文字"|"多行文字"命令。在绘图区指定第一点并拖动鼠标，如图 6-40 所示。

Step02 单击鼠标左键确定第二点，进入输入状态，如图 6-41 所示。

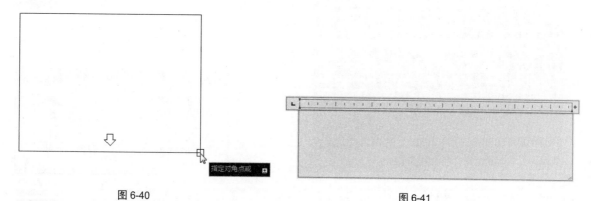

图 6-40　　　　　　　　　　　　　　　　图 6-41

Step03 在文本框输入机械设计说明，如图 6-42 所示。

Step04 输入完成后在"文字编辑器"选项卡的"关闭"面板中单击"关闭文字编辑器"按钮，即可完成创建多行文字的操作，如图 6-43 所示。

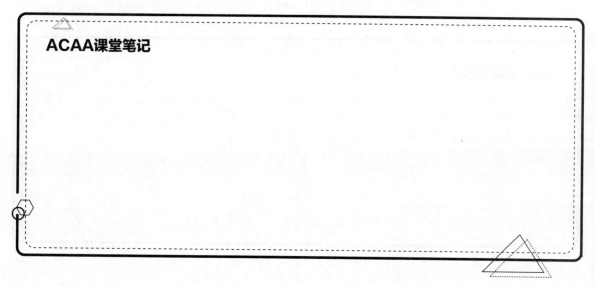

图 6-42　　　　　　　　　　　　　　　　图 6-43

```
┌─────────────────────────────────────────────────┐
│  △                                              │
│   ACAA课堂笔记                                   │
│                                                  │
│                                                  │
│                                                  │
│                                                  │
│                                                  │
└─────────────────────────────────────────────────┘
```

Step05 双击多行文本进入编辑状态，在“文字编辑器”选项卡的“格式”面板中，设置字体为“仿宋”，单击“斜体”按钮 *I*，将文字设置为倾斜，如图 6-44 所示。

Step06 在“样式”面板中单击“背景”按钮，打开“背景遮罩”对话框，选中“使用背景遮罩”复选框，设置背景颜色为 9 号灰色，如图 6-45 所示。

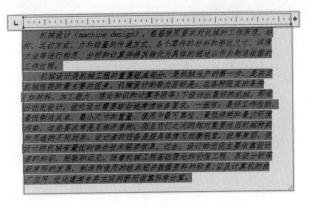

图 6-44

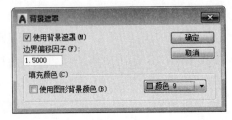

图 6-45

Step07 设置完毕单击“确定”按钮关闭对话框，再单击“关闭文字编辑器”按钮完成操作，效果如图 6-46 所示。

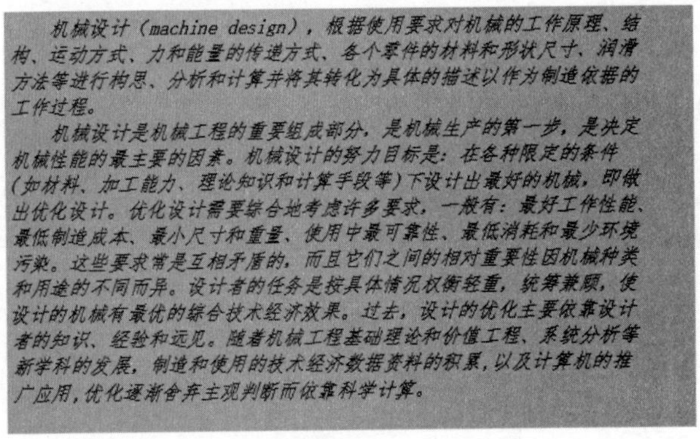

机械设计（machine design），根据使用要求对机械的工作原理、结构、运动方式、力和能量的传递方式、各个零件的材料和形状尺寸、润滑方法等进行构思、分析和计算并将其转化为具体的描述以作为制造依据的工作过程。

机械设计是机械工程的重要组成部分，是机械生产的第一步，是决定机械性能的最主要的因素。机械设计的努力目标是：在各种限定的条件(如材料、加工能力、理论知识和计算手段等)下设计出最好的机械，即做出优化设计。优化设计需要综合地考虑许多要求，一般有：最好工作性能、最低制造成本、最小尺寸和重量、使用中最可靠性、最低消耗和最少环境污染。这些要求常是互相矛盾的，而且它们之间的相对重要性因机械种类和用途的不同而异。设计者的任务是按具体情况权衡轻重，统筹兼顾，使设计的机械有最优的综合技术经济效果。过去，设计的优化主要依靠设计者的知识、经验和远见。随着机械工程基础理论和价值工程、系统分析等新学科的发展，制造和使用的技术经济数据资料的积累，以及计算机的推广应用，优化逐渐舍弃主观判断而依靠科学计算。

图 6-46

ACAA课堂笔记

课后作业

一、填空题

1. 当使用"镜像"命令对文本属性进行镜像操作时，想要使文本具有可读性，应将变量 MIRRTEXT 的值设置为_____。

2. 在进行文字标注时，若要插入"度数"符号，应当输入_____。

3. 打开"文字样式"对话框的快捷命令是_____。

二、选择题

1. 在 AutoCAD 中可以使用（   ）命令将文本设置为快速显示方式。

    A. TEXT   B. MTEXT

    C. WTEXT   D. QTEXT

2. 以下（   ）命令用于为图形标注多行文本、表格文本和下划线文本等特殊文字。

    A. MTEXT   B. TEXT

    C. DTEXT   D. DDEDIT

3. 下列（   ）字体是中文字体。

    A. gbenor.shx   B. gbeitc.sgx

    C. gbcbig.shx   D. txt.shx

4. 用"单行文字"命令书写正负符号时，应使用（   ）。

    A. %%d   B. %%p

    C. %%c   D. %%u

三、操作题

1. 创建如图 6-47 所示的表格。

本实例将利用表格功能创建"公制自攻牙螺纹"表格内容。

公制自攻牙螺纹			
规格	牙距	规格	牙距
ST1.5	0.5	ST3.3	1.3
ST1.9	0.6	ST3.5	1.3
ST2.2	0.8	ST3.9	1.3
ST2.6	0.9	ST4.2	1.4
ST2.9	1.1	ST4.8	1.6

图 6-47

操作提示：

`Step01` 执行"表格"命令，插入表格。

`Step02` 输入并调整表格内容。

2. 创建如图 6-48 所示的文字注释。

本实例将利用多行文字命令为机械剖面图新添加技术要求内容。

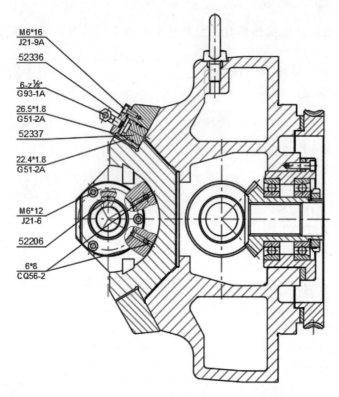

M6*16
J21-9A

52336

6-z⅛"
G93-1A

26.5*1.8
G51-2A

52337

22.4*1.8
G51-2A

M6*12
J21-6

52206

6*8
CQ56-2

技术要求
1.斜齿轮52301及52309装配好后，侧隙应为
0.035~0.08毫米，接触面高度上不少于50%，长
度上不少于60%；

2.弧齿伞齿轮52320及52323装配好后，侧隙应为
0.05~0.14毫米，接触面在高度和长度上不小于60%；

3.主轴轴向窜动不大于0.005，径向振摆离主轴端
面50毫米处为0.006，离350毫米处为0.015。

图 6-48

操作提示：

Step01 执行"多行文字"命令，输入文字内容。

Step02 设置并调整好文字格式。

第<7>章

尺寸标注的应用

内容导读

　　本章将介绍尺寸标注的应用，在机械设计中，尺寸是图纸中不可缺少的重要内容，是零部件加工生产的依据，必须满足正确、完整、清晰的基本要求。

AutoCAD
2020

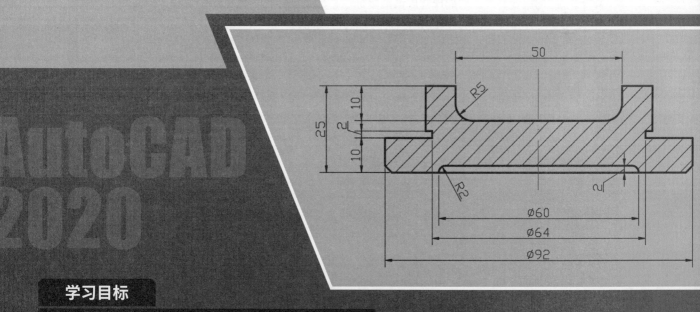

学习目标

≫　了解标注的规则和组成

≫　掌握标注样式的创建和设置

≫　掌握各类尺寸标注的应用

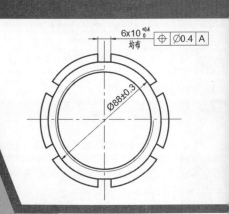

7.1 认识标注

标注尺寸是描述图形的大小和相互位置的工具，也是一项细致而繁重的任务，AutoCAD 软件为用户提供了完整的尺寸标注功能。本节将首先对尺寸标注的基本规则和要素等内容进行介绍。

■ 7.1.1 标注的规则

下面通过基本规则、尺寸线、尺寸界线、标注尺寸的符号、尺寸数字等 5 个方面介绍尺寸标注的规则。

1. 基本规则

在进行尺寸标注时，应遵循以下 4 个规则。

◎ 建筑图像中的每个尺寸一般只标注一次，并标注在最容易查看物体相应结构特征的图形上。

◎ 在进行尺寸标注时，若使用的单位是 mm，则不需要计算单位和名称，若使用其他单位，则需要注明相应计量的代号或名称。

◎ 尺寸的配置要合理，功能尺寸应该直接标注，尽量避免在不可见的轮廓线上标注尺寸，数字之间不允许有任何图线穿过，必要时可以将图线断开。

◎ 图形上所标注的尺寸数值应是工程图完工的实际尺寸，否则需要另外说明。

2. 尺寸线

◎ 尺寸线的终端可以使用箭头和实线这两种，可以设置它的大小，箭头适用于机械制图，斜线则适用于建筑制图。

◎ 当尺寸线与尺寸界线处于垂直状态时，可以采用一种尺寸线终端的方式，采用箭头时，如果空间位置不足，可以使用圆点和斜线代替箭头。

◎ 在标注角度时，尺寸线会更改为圆弧，而圆心是该角的顶点。

3. 尺寸界线

◎ 尺寸界线用细线绘制，与标注图形的距离相等。

◎ 标注角度的尺寸界线从两条线段的边缘处引出一条弧线，标注弧线的尺寸界线是平行于该弦的垂直平分线。

◎ 通常情况下，尺寸界线应与尺寸线垂直。标注尺寸时，拖动鼠标，将轮廓线延长，从它们的交点处引出尺寸界线。

4. 标注尺寸的符号

◎ 标注角度的符号为"°"，标注半径的符号为"R"，标注直径的符号为"φ"，标注圆弧的符号为"⌒"。标注尺寸的符号受文字样式的影响。

◎ 当需要指明半径尺寸是由其他尺寸所确定时，应用尺寸线和符号"R"标出，但不要注写尺寸数。

5. 尺寸数字

◎ 通常情况下，尺寸数字在尺寸线的上方或尺寸线内，若将标注文字对齐方式更改为水平时，尺寸数字则显示在尺寸线中央。

◎ 在线性标注中，如果尺寸线是与 X 轴平行的线段，则尺寸数字在尺寸线的上方，如果尺寸线与 Y 轴平行，尺寸数字则在尺寸线的左侧。

◎ 尺寸数字不可以被任何图线所经过，否则必须将该图线断开。

■ 7.1.2　标注的组成要素

一个完整的尺寸标注由尺寸界线、尺寸线、箭头和标注文字组成，如图 7-1 所示。

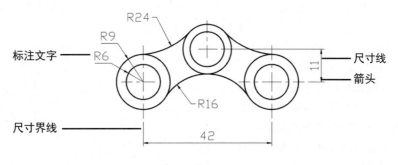

图 7-1

下面具体介绍尺寸标注中基本要素的作用与含义。

◎ 箭头：用于显示标注的起点和终点，箭头的表现方法有很多种，可以是斜线、块和其他用户自定义符号。

◎ 尺寸线：显示标注的范围，一般情况下与图形平行。在标注圆弧和角度时显示为圆弧线。

◎ 标注文字：显示标注所属的数值，用于反映图形的尺寸，数值前会相应地标注符号。

◎ 尺寸界线：也称为投影线。一般情况下与尺寸线垂直，特殊情况可将其倾斜。

7.2　创建和设置标注样式

标注样式有利于控制标注的外观，通过使用创建和设置过的标注样式，使标注更加整齐。在"标注样式管理器"对话框中可以创建新的标注样式。

用户可以通过以下方式打开"标注样式管理器"对话框，如图 7-2 所示。

◎ 执行"格式"|"标注样式"命令。

◎ 在"默认"选项卡的"注释"面板中单击"注释"按钮 。

◎ 在"注释"选项卡的"标注"面板中单击右下角的箭头 。

◎ 在命令行输入 DIMSTYLE 命令并按 Enter 键。

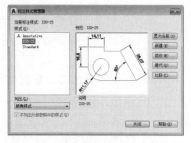

图 7-2

其中，该对话框中各选项的含义介绍如下。

◎ 样式：显示文件中所有的标注样式。亮显当前的样式。

◎ 列出：设置样式中是显示所有的样式还是显示正在使用的样式。

◎ 置为当前：单击该按钮，被选择的标注样式则会置为当前。

◎ 新建：新建标注样式，单击该按钮，设置文件名后单击"继续"按钮，则可进行编辑标注操作。

◎ 修改：修改已经存在的标注样式。单击该按钮会打开"修改标注样式"对话框，在该对话框中可对标注进行更改。

◎ 替代：单击该按钮，会打开"替代当前样式"对话框，在该对话框中可以设定标注样式的临时替代值，替代将作为未保存的更改结果显示在"样式"列表中的标注样式下。

◎ 比较：单击该按钮，将打开"比较标注样式"对话框，从中可以比较两个标注样式或列出一个标注样式的所有特性。

7.2.1 新建标注样式

如果标注样式中没有所需的样式类型，用户可以创建新的标注样式。在"标注样式管理器"对话框中单击"新建"按钮，将打开"创建新标注样式"对话框，如图7-3所示。

该对话框中常用选项的含义介绍如下。

图 7-3

◎ 新样式名：设置新建标注样式的名称。

◎ 基础样式：设置新建标注的基础样式。对于新建样式，只更改那些与基础特性不同的样式。

◎ 注释性：设置标注样式是否是注释性。

◎ 用于：设置特定标注类型的标注样式。

7.2.2 设置标注样式

创建标注样式后，我们可以在"新建标注样式"对话框中编辑标注样式，该对话框由线、符号和箭头、文字、调整、主单位、换算单位、公差6个选项卡组成，如图7-4所示。

1. 线

在"线"选项卡中，用户可以设置尺寸线和尺寸界线的颜色、线型、线宽、尺寸等相关参数，如图7-4所示。

（1）尺寸线

该选项组用于设置尺寸线的特性，如颜色、线宽、基线间距等特征参数，还可以控制是否隐藏尺寸线。

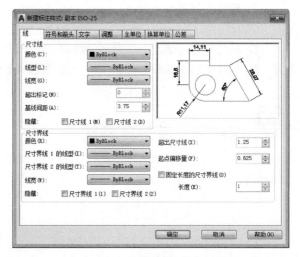

图 7-4

◎ 颜色：显示并设定尺寸线的颜色。如果单击"选择颜色"，将弹出"选择颜色"对话框。

◎ 线型：设定尺寸线的线型。

◎ 线宽：设定尺寸线的线宽。

◎ 超出标记：指定当箭头使用倾斜、建筑标记、积分和无标记时尺寸线超过尺寸界线的距离。

◎ 基线间距：设定基线标注的尺寸线之间的距离。

◎ 隐藏：不显示尺寸线。"尺寸线1"不显示第一条尺寸线，"尺寸线2"不显示第二条尺寸线。

（2）尺寸界线

该选项组用于控制尺寸界线的外观。可以设置尺寸界线的颜色、线宽、超出尺寸线、起点偏移量等特征参数。

◎ 尺寸界限 1 的线型：设定第一条尺寸界线的线型。

◎ 尺寸界限 2 的线型：设定第二条尺寸界线的线型。

◎ 隐藏：不显示尺寸界线。"尺寸界线 1"不显示第一条尺寸界线，"尺寸界线 2"不显示第二条尺寸界线。

◎ 超出尺寸线：指定尺寸界线超出尺寸线的距离。

◎ 起点偏移量：设定自图形中定义标注的点到尺寸界线的偏移距离。如图 7-5 和图 7-6 所示为不同起点偏移量的尺寸标注效果。

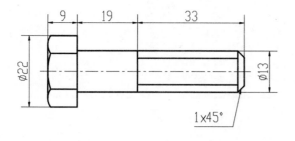

图 7-5

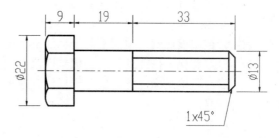

图 7-6

◎ 固定长度的尺寸界线：启用固定长度的尺寸界线，可使用"长度"选项，设定尺寸界线的总长度，起始于尺寸线，直到标注原点。

2. 符号和箭头

在"符号和箭头"选项卡中，用户可以设置箭头和符号的类型、大小、角度等参数，如图 7-7 所示。

（1）箭头

在"符号和箭头"选项卡的"箭头"选项组中，用户可以选择尺寸线和引线标注的箭头形式，还可以设置箭头的大小，共包含 21 种箭头类型，如图 7-8 所示。

图 7-7

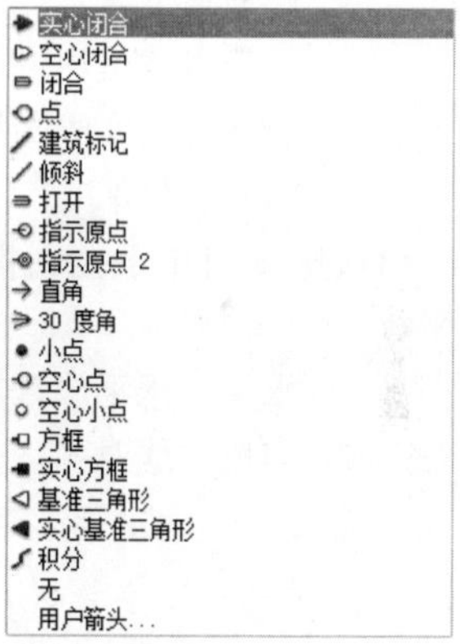

图 7-8

◎ 第一个：设定第一条尺寸线的箭头。当改变第一个箭头的类型时，第二个箭头将自动改变以同第一个箭头相匹配。

◎ 第二个：设定第二条尺寸线的箭头。

◎ 引线：设定引线箭头。

（2）圆心标记

该选项组用于控制直径标注和半径标注的圆心标记和中心线的外观。

◎ 无：不创建圆心标记或中心线。

◎ 标记：创建圆心标记。选择该选项，圆心标记为圆心位置的小十字线。

◎ 直线：表示创建中心线。选择该选项时，表示圆心标记的标注线将延伸到圆外。

3. 文字

在"文字"选项卡中，用户可以设置标注文字的格式、位置和对齐，如图 7-9 所示。

（1）文字外观

该选项组用于控制标注文字的样式、颜色、高度等属性。

◎ 文字样式：列出可用的文本样式。单击后面的"文字样式"按钮，可显示"文字样式"对话框，从中可以创建或修改文字样式。

◎ 填充颜色：设定标注中文字背景的颜色。

◎ 分数高度比例：设定相对于标注文字的分数比例。在此处输入的值乘以文字高度，可确定标注分数相对于标注文字的高度。

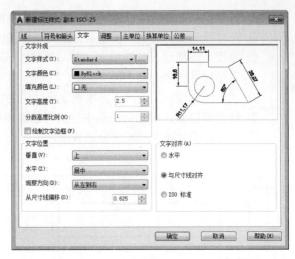

图 7-9

（2）文字位置

在该选项组中，用户可以设置文字的垂直、水平位置、观察方向以及文字从尺寸线偏移的距离。

◎ 垂直：该选项用于控制标注文字相对尺寸线的垂直位置。垂直位置包括居中、上方、外部、JIS、下方 5 个子选项。

◎ 水平：该选项用于控制标注文字在尺寸线上相对于尺寸界线的水平位置。

◎ 观察方向：该选项用于控制标注文字的观察方向。"从左到右"选项是按从左到右阅读的方式放置文字。"从右到左"选项是按从右到左阅读的方式放置文字。

◎ 从尺寸线偏移：该选项用于设定当前文字间距，文字间距是指当尺寸线断开以容纳标注文字时标注文字周围的距离。

（3）文字对齐

该选项组用于控制标注文字放置在尺寸界线外侧或里侧时的方向是保持水平还是与尺寸界线平行。

◎ 水平：水平放置文字。

◎ 与尺寸线对齐：文字与尺寸线对齐。

◎ ISO 标准：当文字在尺寸界线内时，文字与尺寸线对齐。当文字在尺寸界线外时，文字水平排列。

4. 调整

"调整"选项卡用于设置文字、箭头、尺寸线的标注方式、文字的标注位置和标注的特征比例等，如图 7-10 所示。

（1）调整选项

该选项组用于控制基于尺寸界线之间可用空间的文字和箭头的位置。

◎ 文字或箭头（最佳效果）：按照最佳效果将文字或箭头移动到尺寸界线外。

◎ 箭头：先将箭头移动到尺寸界线外，然后移动文字。

图 7-10

◎ 文字：先将文字移动到尺寸界线外，然后移动箭头。

◎ 文字和箭头：当尺寸界线间距离不足以放下文字和箭头时，文字和箭头都移到尺寸界线外。

◎ 文字始终保持在尺寸界线之间：始终将文字放在尺寸界线之间。

◎ 若箭头不能放在尺寸界线内，则将其消除：如果尺寸界线内没有足够的空间，则不显示箭头。

（2）文字位置

该选项组用于设定标注文字从默认位置（由标注样式定义的位置）移动时标注文字的位置。

◎ 尺寸线旁边：如果选中该单选按钮，只要移动标注文字，尺寸线就会随之移动。

◎ 尺寸线上方，带引线：如果选中该单选按钮，移动文字时尺寸线不会移动。如果将文字从尺寸线上移开，将创建一条连接文字和尺寸线的引线。当文字非常靠近尺寸线时，将省略引线。

◎ 尺寸线上方，不带引线：如果选中该单选按钮，移动文字时尺寸线不会移动。远离尺寸线的文字不与带引线的尺寸线相连。

（3）标注特征比例

该选项组用于设定全局标注比例值或图纸空间比例。

（4）优化

该选项组用于提供可手动放置文字以及在尺寸界限之间绘制尺寸线的选项。

5. 主单位

"主单位"选项卡用于设定主标注单位的格式和精度，并设定标注文字的前缀和后缀，如图7-11所示。

（1）线性标注

该选项组主要用于设定线性标注的格式和精度。

◎ 单位格式：设定除角度之外的所有标注类型的当前单位格式。

◎ 精度：显示和设定标注文字中的小数位数。

◎ 分数格式：设定分数的格式。只有当单位格式为"分数"时，此选项才可用。

◎ 舍入：为除"角度"之外的所有标注类型设置标注测量值的舍入规则。如果输

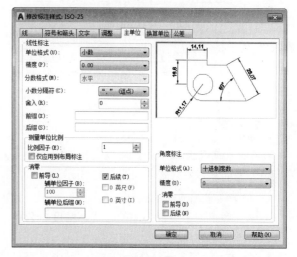

图7-11

入0.25，则所有标注距离都以0.25为单位进行舍入。如果输入1.0，则所有标注距离都将舍入为最接近的整数。小数点后显示的位数取决于"精度"设置。

◎ 前缀：在标注文字中包含前缀。可以输入文字或使用控制代码显示特殊符号。

◎ 后缀：在标注文字中包含后缀。可以输入文字或使用控制代码显示特殊符号。

（2）测量单位比例

该选项组用于定义线性比例选项，并控制该比例因子是否仅应用到布局标注。

（3）消零

该选项组用于控制是否禁止输出前导零和后续零以及零英尺和零英寸部分。

◎ 前导：不输出所有十进制标注中的前导零。

◎ 辅单位因子：将辅单位的数量设定为一个单位。它用于在距离小于一个单位时以辅单位为单位计算标注距离。

◎ 辅单位后缀：在标注值子单位中包含后缀。可以输入文字或使用控制代码显示特殊符号。

◎ 0 英尺：如果长度小于一英尺，则消除英尺 - 英寸标注中的英尺部分。

◎ 0 英寸：如果长度为整英尺数，则消除英尺 - 英寸标注中的英寸部分。

（4）角度标注

该选项组用于显示和设定角度标注的当前角度格式。

6. 换算单位

在"换算单位"选项卡中，可以设置换算单位的格式，如图 7-12 所示。设置换算单位的单位格式、精度、前缀、后缀和消零的方法，与设置主单位的方法相同，但该选项卡中有两个选项是独有的。

◎ 换算单位倍数：指定一个乘数，作为主单位和换算单位之间的转换因子使用。例如，要将英寸转换为毫米，请输入 25.4。此值对角度标注没有影响，而且不会应用于舍入值或者正、负公差值。

◎ 位置：该选项组用于控制标注文字中换算单位的位置。其中"主值后"选项用于将换算单位放在标注文字中的主单位之后。"主值下"用于将换算单位放在标注文字中的主单位下面。

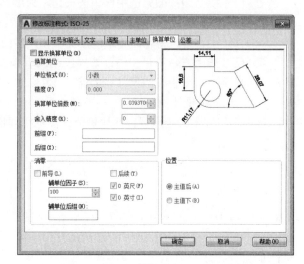

图 7-12

7. 公差

在"公差"选项卡中，可以设置指定标注文字中公差的显示及格式，如图 7-13 所示。

（1）公差格式

该选项组用于设置公差的方式、精度、公差值、公差文字的高度与对齐方式等。

◎ 方式：设定计算公差的方法。其中，"无"表示不添加公差。"对称"表示公差的正负偏差值相同；"极限偏差"表示公差的正负偏差值不相同；"极限尺寸"表示公差值合并到尺寸值中，并且将上界显示在下界的上方；"基本尺寸"表示创建基本标注，这将在整个标注范围周围显示一个框。

图 7-13

◎ 精度：设定小数位数。

◎ 上偏差：设定最大公差或上偏差。如果在"方式"下拉列表中选择"对称"，则此值将用于公差。

◎ 下偏差：设定最小公差或下偏差。

◎ 垂直位置：控制对称公差和极限公差的文字对正。

（2）消零

该选项组用于控制是否显示公差文字的前导零和后续零。

（3）换算单位公差

该选项组用于设置换算单位公差的精度和消零。

■ 实例：创建机械图纸标注样式

下面为机械制图创建常用的标注样式，通过学习本案例，读者能够熟练掌握对标注样式的创建与设置，操作步骤介绍如下。

Step01 执行"格式"|"标注样式"命令，打开"标注样式管理器"对话框，如图 7-14 所示。

Step02 单击"新建"按钮，打开"创建新标注样式"对话框，输入样式名"机械制图"，如图 7-15 所示。

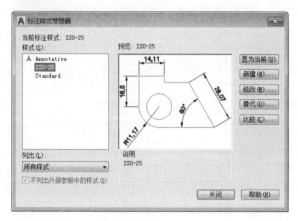

图 7-14

图 7-15

Step03 单击"继续"按钮，打开"新建标注样式：机械制图"对话框，在"线"选项卡的"尺寸界线"选项组中设置"起点偏移量"为 1.25，如图 7-16 所示。

Step04 切换到"文字"选项卡，单击"文字样式"右侧的设置按钮，打开"文字样式"对话框，设置字体为 txt.shx，如图 7-17 所示。

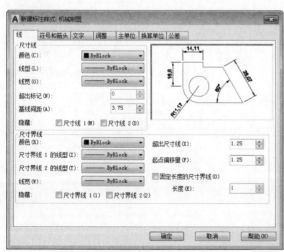

图 7-16

图 7-17

Step05 设置完毕后依次单击"应用""关闭"按钮返回"新建标注样式：机械制图"对话框，可以看到设置后的尺寸标注文字样式，如图 7-18 所示。

Step06 单击"确定"按钮返回"标注样式管理器"对话框，继续单击"新建"按钮，打开"创建新标注样式"对话框，选择"用于"为"半径标注"，如图 7-19 所示。

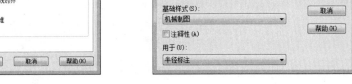

图 7-18　　　　　　　　　　　　　　　　　　　图 7-19

Step07 单击"继续"按钮，打开"新建标注样式"对话框，切换到"文字"选项卡，设置"文字对齐"方式为水平，在右侧可以预览到文字对齐效果，如图 7-20 所示。

Step08 单击"确定"按钮返回"标注样式管理器"对话框，单击"机械制图"样式，可以在右侧看到整体标注样式预览效果，如图 7-21 所示。

图 7-20　　　　　　　　　　　　　　　　　　　图 7-21

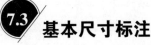 **基本尺寸标注**

尺寸标注分为线性标注、对齐标注、角度标注、弧长标注、半径标注、直径标注、折弯标注、坐标标注、快速标注、连续标注、基线标注、公差标注和引线标注等，下面将逐一介绍各标注的创建方法。

AutoCAD 2020 机械设计课堂实录

■ 7.3.1 线性标注

线性标注是标注图形对象在水平方向、垂直方向和旋转方向的尺寸，包括垂直、水平和旋转3种类型，如图7-22所示。用户可以通过以下方式调用线性标注命令：

◎ 执行"标注"|"线性"命令。

◎ 在"注释"选项卡的"标注"面板中单击"线性"按钮┤⊢。

◎ 在命令行输入 DIMLINEAR 命令并按 Enter 键。

命令行提示内容如下：

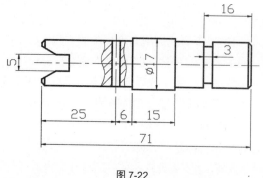

图 7-22

命令：_dimlinear
指定第一个尺寸界线原点或 < 选择对象 >:   （指定线段的一个端点）
指定第二条尺寸界线原点：   （指定线段的另一个端点）
创建了无关联的标注。
指定尺寸线位置或
[多行文字 (M)/ 文字 (T)/ 角度 (A)/ 水平 (H)/ 垂直 (V)/ 旋转 (R)]:

知识拓展

如果向上或向下移动文字，则当前文字相对于尺寸线的垂直对齐不会改变，因此尺寸线和尺寸延长线会相应地有所改变。

■ 7.3.2 对齐标注

对齐标注可以创建与标注的对象平行的尺寸，也可以创建与指定位置平行的尺寸。对齐标注的尺寸线总是平行于两个尺寸延长线的原点连成的直线，如图7-23所示。用户可以通过以下方法调用对齐标注的命令。

◎ 执行"标注"|"对齐"命令。

◎ 在"注释"选项卡的"标注"面板中单击"对齐"按钮⟍。

◎ 在命令行输入 DIMALIGNED 命令并 Enter 键。

命令行提示内容如下：

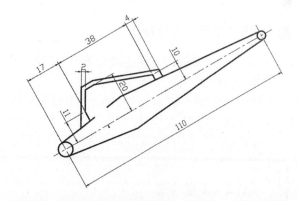

图 7-23

命令：_dimaligned
指定第一个尺寸界线原点或 < 选择对象 >:
指定第二条尺寸界线原点：
指定尺寸线位置或
[多行文字 (M)/ 文字 (T)/ 角度 (A)]:

■ 7.3.3 角度标注

角度标注是用来测量两条或三条直线之间的角度，也可以测量圆或圆弧的角度，如图 7-24 所示。在 AutoCAD 软件中，用户可以通过以下方式调用角度标注的方法：

◎ 执行"标注"|"角度"命令。

◎ 在"注释"选项卡的"标注"面板中单击"角度"按钮△。

◎ 在命令行输入 DIMANGULAR 命令并按 Enter 键。

命令行提示内容如下：

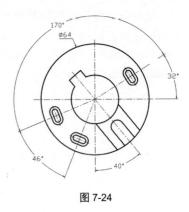

图 7-24

> 命令：_dimangular
> 选择圆弧、圆、直线或 < 指定顶点 >：

■ 7.3.4 弧长标注

弧长标注是标注指定圆弧或多线段的距离，它可以标注圆弧和半圆的尺寸，如图 7-25 所示。用户可以通过以下方式调用弧长标注命令：

◎ 执行"标注"|"弧长"命令。

◎ 在"注释"选项卡的"标注"面板中单击"弧长"按钮 。

◎ 在命令行输入 DIMARC 命令并按 Enter 键。

命令行提示内容如下：

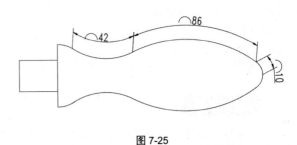

图 7-25

> 命令：_dimarc
> 选择弧线段或多段线圆弧段：
> 指定弧长标注位置或 [多行文字 (M)/ 文字 (T)/ 角度 (A)/ 部分 (P)/]：

■ 7.3.5 半径 / 直径标注

半径标注主要是用于标注圆或圆弧的半径尺寸，用户可以通过以下方式调用半径标注命令：

◎ 执行"标注"|"半径"命令。

◎ 在"注释"选项卡的"标注"面板中单击"半径"按钮 。

◎ 在命令行输入 DIMRADIUS 命令并按 Enter 键。

直径标注主要是用于标注圆或圆弧的直径尺寸，用户可以通过以下方式调用直径标注命令：

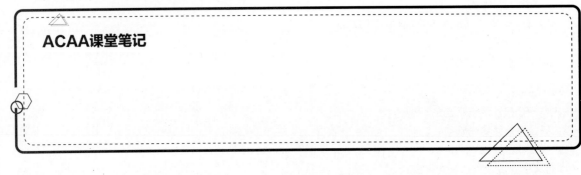

ACAA课堂笔记

◎ 执行"标注"|"直径"命令。

◎ 在"注释"选项卡的"标注"面板中单击"直径"按钮。

◎ 在命令行输入 DIMDIAMETER 命令并按 Enter 键。

如图 7-26 和图 7-27 所示分别为半径标注和直径标注的效果。

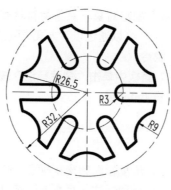

图 7-26   图 7-27

知识拓展

当在 AutoCAD 中标注圆或圆弧的半径或直径时，系统将自动在测量值前面添加 R 或 ϕ 符号来表示半径和直径。但通常中文字体不支持 ϕ 符号，所以在标注直径尺寸时，最好选用一种英文字体的文字样式，以便使直径符号得以正确显示。

■ 7.3.6　折弯标注

当圆弧或者圆的中心在图形的边界外，且无法显示在实际位置时，可以使用折弯标注。折弯标注主要是标注圆形或圆弧的半径尺寸。用户可以通过以下方式调用折弯标注命令：

◎ 执行"标注"|"折弯"命令。

◎ 在"注释"选项卡的"标注"面板中单击"折弯"按钮。

◎ 在命令行输入 DIMJOGGED 命令并按 Enter 键。

折弯半径可以在更方便的位置指定标注的原点，在"修改标注样式"对话框的"符号和箭头"选项卡中，用户可控制折弯的默认角度。如图 7-28 所示为利用折弯标注为图形添加标注的效果。

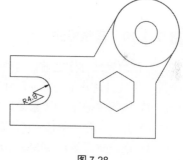

图 7-28

■ 7.3.7　坐标标注

在建筑绘图中，绘制的图形并不能直接观察出点的坐标，那么就需要使用坐标标注，坐标标注主要是标注指定点的 X 坐标或者 Y 坐标。用户可以通过以下方式调用坐标标注命令：

◎ 执行"格式"|"坐标"命令。

◎ 在"注释"选项卡的"标注"面板中单击"坐标"按钮。

◎ 在命令行输入 DIMORDINATE 命令并按 Enter 键。

如图 7-29 所示为利用坐标标注为图形添加标注的效果。

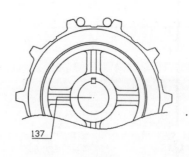

图 7-29

■ 7.3.8 快速标注

使用快速标注可以选择一个或多个图形对象，系统将自动查找所选对象的端点或圆心。根据端点或圆心的位置快速地标注其尺寸。用户可以通过以下方式调用快速标注命令：

◎ 执行"标注"|"快速标注"命令。

◎ 在"注释"选项卡的"标注"面板中单击"快速标注"按钮。

◎ 在命令行输入 QDIM 命令并按 Enter 键。

■ 7.3.9 连续标注

连续标注是指连续进行线性标注、角度标注和坐标标注。在使用连续标注之前首先要进行线性标注、角度标注或坐标标注，创建其中一种标注之后再进行连续标注，它会根据之前创建的标注的尺寸界线作为下一个标注的原点进行连续标记。

用户可以通过以下方式调用连续标注的命令：

◎ 执行"标注"|"连续"命令。

◎ 在"注释"选项卡的"标注"面板中单击"连续"按钮 连续。

◎ 在命令行输入 dimcontinue 命令并按 Enter 键。

> **绘图技巧**
>
> 执行"标注"|"对齐文字"命令，在其子菜单中选择需要的命令，同样可以对标注文字的位置进行编辑。

■ 7.3.10 基线标注

在创建基线标注之前，需要先创建线性标注、角度标注、坐标标注等，基线标注是从指定的第 1 个尺寸界线处创建基线标注尺寸。用户可以通过以下方式调用基线标注命令：

◎ 执行"标注"|"基线"命令。

◎ 在"注释"选项卡的"标注"面板中单击"基线标注"按钮。

◎ 在命令行输入 DIMBASELINE 命令并按 Enter 键。

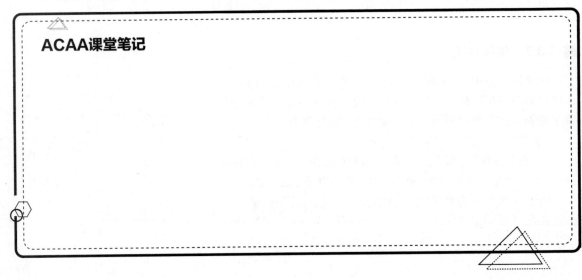

ACAA课堂笔记

■ 实例：标注盖类零件图

下面通过标注轴端盖剖面图来介绍尺寸标注的方法，通过学习本案例，读者能够熟练掌握对图形进行尺寸标注的操作，操作步骤介绍如下。

Step01 打开盖类零件素材图，如图 7-30 所示。

Step02 执行"标注"|"线性"命令，对图形先进行线性标注，如图 7-31 所示。

Step03 执行"标注"|"基线"命令，根据提示选择右侧尺寸为 12 的线性标注，依次创建基线标注，如图 7-32 所示。

Step04 在命令行输入命令 ed，按 Enter 键后选择标注文字，此时会进入编辑状态，如图 7-33 所示。

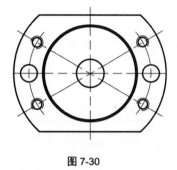

图 7-30

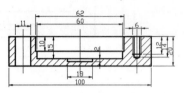
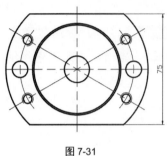

图 7-31

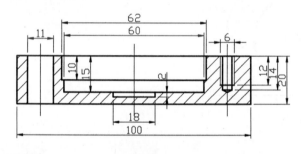

图 7-32

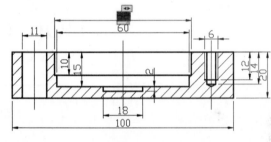

图 7-33

Step05 在"文字编辑器"选项卡的"插入"面板中单击"符号"下拉列表框，从中选择"直径 %%c"选项，如图 7-34 所示。

Step06 插入直径符号后，在空白处单击鼠标即可完成标注文字的修改，如图 7-35 所示。

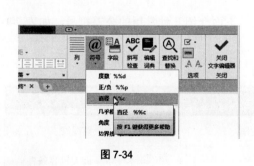

图 7-34

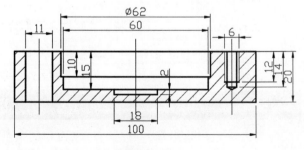

图 7-35

Step07 照此方式修改其他标注文字内容，如图 7-36 所示。

Step08 执行"标注"|"直径"命令，为俯视图添加直径标注，如图 7-37 所示。

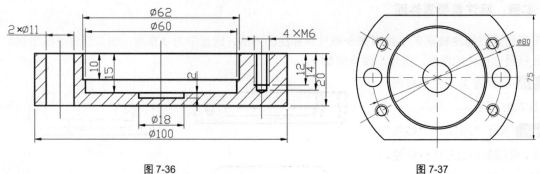

<table>
<tr><td>图 7-36</td><td>图 7-37</td></tr>
</table>

Step09 最后执行"标注"|"角度"命令,按 Enter 键后依次指定夹角顶点和夹角的起始点,创建角度标注,完成本次操作,如图 7-38 所示。

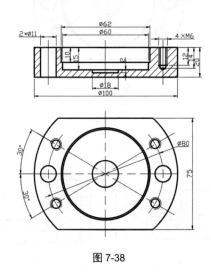

图 7-38

7.3.11 公差标注

公差标注是用来表示特征的形状、轮廓、方向、位置及跳动的允许偏差。下面将介绍公差的符号表示、使用对话框标注公差等。

1. 公差符号

在 AutoCAD 中,可以通过特征控制框显示形位公差,下面介绍几种常用的公差符号,如表 7-1 所示。

表 7-1　公差符号

符号	含义	符号	含义	符号	含义
Ⓟ	投影公差	⌒	平面轮廓	——	直线度
⌒	直线	=	对称	Ⓜ	最大包容条件
◎	同心 / 同轴	↗	圆跳动	Ⓛ	最小包容条件

符号	含义	符号	含义	符号	含义
○	圆或圆度	⚡	全跳动	Ⓢ	不考虑特征尺寸
⊕	定位	▱	平坦度	⌀	柱面性
∠	角	⊥	垂直	//	平行

2. 公差标注

在"形位公差"对话框，如图 7-39 所示中可以设置公差的符号和数值。用户可以通过以下方式打开"形位公差"对话框。

◎ 执行"标注"|"公差"命令。

◎ 在"注释"选项卡的"标注"面板中单击"公差"按钮。

◎ 在命令行输入 TOLERANCE 命令并按 Enter 键。

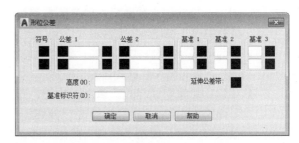

图 7-39

对话框中各选项的含义介绍如下。

◎ 符号：单击符号下方的■符号，会弹出"特征符号"对话框，在其中可设置特征符号，如图 7-40 所示。

◎ 公差 1 和公差 2：单击该列表框的■符号，将插入一个直径符号，单击后面的黑正方形符号，将弹出"附加符号"对话框，在其中可以设置附加符号，如图 7-41 所示。

图 7-40

图 7-41

◎ 基准 1、基准 2 和基准 3：在该列表框可以设置基准参照值。

◎ 高度：设置投影特征控制框中的投影公差零值。投影公差带控制固定垂直部分延伸区的高度变化，并以位置公差控制公差精度。

◎ 基准标识符：设置由参照字母组成的基准标识符。

◎ 延伸公差带：单击该选项后的■符号，将插入延伸公差带符号。

知识拓展

尺寸公差指定标注可以变动的范围，通过指定生产中的公差，可以控制部件所需要的精度等级。

■ 7.3.12　引线标注

在机械绘图中，只有数值标注是仅仅不够的，在进行立面绘制时，为了清晰地标注出图形的材料和尺寸，用户可以需要利用引线标注进行实现。

1. 设置引线样式

在创建引线前需要进行设置引线的形式、箭头的外观显示和尺寸文字的对齐方式等。在"多重引线样式管理器"对话框中可以设置引线样式，用户可以通过以下方式打开"多重引线样式管理器"对话框。

◎ 执行"格式"|"多重引线样式"命令。
◎ 在"注释"选项卡的"引线"面板中单击右下角的箭头 ↘。
◎ 在命令行输入 MLEADERSTYLE 命令并按 Enter 键。

如图 7-42 所示为"多重引线样式管理器"对话框，其中，各选项的具体含义介绍如下。

◎ 样式：显示已有的引线样式。
◎ 列出：设置样式列表框内显示所有引线样式还是正在使用的引线样式。
◎ 置为当前：选择样式名，单击"置为当前"按钮，即可将引线样式置为当前。
◎ 新建：新建引线样式。单击该按钮，即可弹出"创建新多重引线样式"对话框，输入样式名，单击"继续"按钮，即可设置多重引线样式。

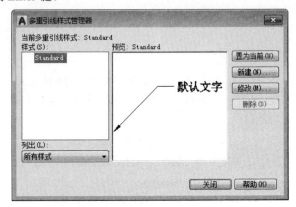

图 7-42

◎ 删除：选择样式名，单击"删除"按钮，即可删除该引线样式。
◎ 关闭：关闭"多重引线样式管理器"对话框。

2. 创建引线标注

设置引线样式后就可以创建引线标注了，用户可以通过以下方式调用多重引线命令。

◎ 执行"标注"|"多重引线"命令。
◎ 在"注释"选项卡的"引线"面板中，单击"多重引线"按钮 ⌒。
◎ 在命令行输入 MLEADER 命令并按 Enter 键。

3. 编辑多重引线

如果创建的引线还未达到要求，用户需要对其进行编辑操作，那么可以在"多重引线"选项板中编辑多重引线，还可以利用菜单命令或者"注释"选项卡的"引线"面板中的按钮进行编辑操作。用户可以通过以下方式调用编辑多重引线命令。

◎ 执行"修改"|"对象"|"多重引线"命令的子菜单命令，如图 7-43 所示。
◎ 在"注释"选项卡的"引线"面板中，单击相应的按钮，如图 7-44 所示。

由上图可知，编辑多重引线的命令包括添加引线、删除引线、对齐和合并 4 个选项。下面具体介绍各选项的含义。

◎ 添加引线：在一条引线的基础上添加另

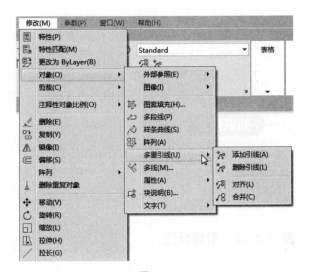

图 7-43

一条引线，且标注是同一个。

◎ 删除引线：将选定的引线删除。

◎ 对齐：将选定的引线对象对齐并按一定间距排列。

◎ 合并：将包含块的选定多重引线组织到行或列中，并使用单引线显示结果。

图 7-44

知识拓展

双击多重引线，弹出"多重引线"选项板，在该选项板中可对多重引线进行编辑操作，如图 7-45 所示。

图 7-45

■ 实例：标注套圈零件图

下面通过标注轴端盖剖面图来介绍尺寸标注的方法，通过学习本案例，读者能够熟练掌握对图形进行尺寸标注的操作，操作步骤介绍如下。

Step01 打开套圈素材图形，如图 7-46 所示。

Step02 执行"标注"|"线性"命令，为图形创建线性标注，如图 7-47 所示。

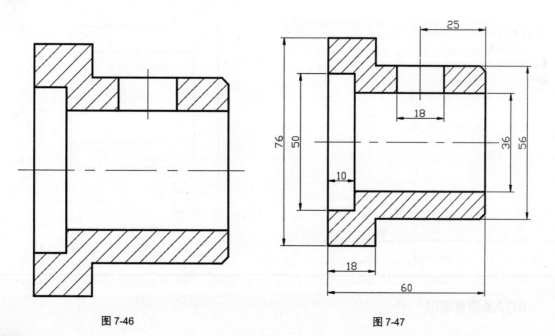

图 7-46   图 7-47

Step03 在命令行输入命令 ed，按 Enter 键后根据提示选择标注文字，修改文字内容，如图 7-48 所示。

Step04 执行"格式"|"多重引线样式"命令，打开"多重引线样式管理器"对话框，如图 7-49 所示。

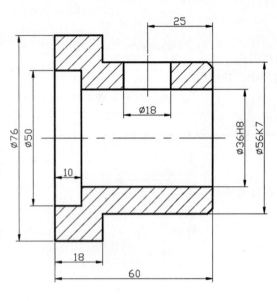

图 7-48

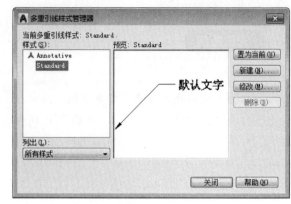

图 7-49

Step05 单击"修改"按钮，打开"修改多重引线样式"对话框，设置箭头大小为 2.5，使其与标注样式中的箭头大小一致，如图 7-50 所示。

Step06 设置完毕后依次关闭对话框，执行"标注"|"多重引线"命令，在尺寸界线上创建一条引线后按 Esc 键取消操作，仅创建一段带箭头的引线，如图 7-51 所示。

图 7-50

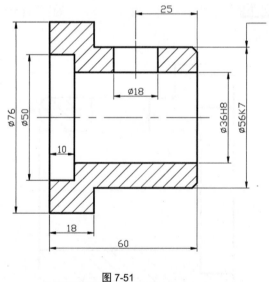

图 7-51

ACAA课堂笔记

AutoCAD 2020 机械设计课堂实录

Step07 执行"标注"|"公差"命令，打开"形位公差"对话框，单击第一行的符号按钮，如图 7-52 所示。

Step08 打开"特征符号"面板，从中选择"同心 / 同轴"符号，如图 7-53 所示。

图 7-52

图 7-53

Step09 输入"公差 1"值为"%%c0.08"，再输入"公差 2"值为 A，如图 7-54 所示。

Step10 单击"确定"按钮，在绘图区中指定公差位置，如图 7-55 所示。

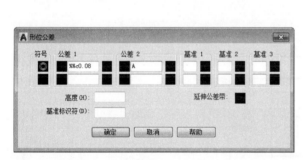

图 7-54

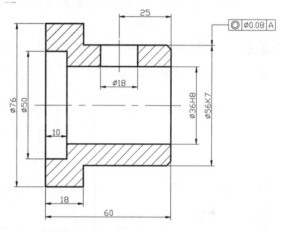

图 7-55

Step11 执行"格式"|"多重引线样式"命令，打开"多重引线样式管理器"对话框，新建"倒角"多重引线样式，如图 7-56 所示。

Step12 单击"继续"按钮，打开"修改多重引线样式"对话框，设置箭头符号为"无"，如图 7-57 所示。

图 7-56

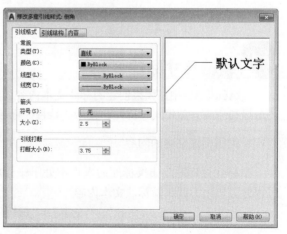

图 7-57

Step13 在"内容"选项卡中设置"文字高度"为2.5,"基线间隙"为1,如图7-58所示。

Step14 设置完毕后依次关闭对话框并将该样式置为当前,如图7-59所示。

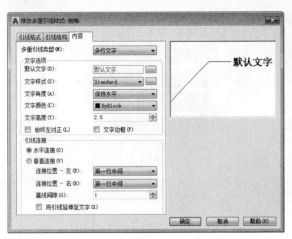

图 7-58

图 7-59

Step15 执行"格式"|"多重引线样式"命令,为图形倒角处添加引线标注,完成本次操作,如图7-60所示。

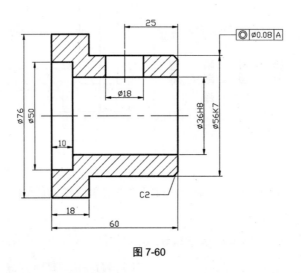

图 7-60

7.4 编辑尺寸标注

在 AutoCAD 中,如果创建的标注文本内容或位置没有达到要求,用户可以编辑标注文本的位置,还可以使用夹点编辑尺寸标注、使用"特性"面板编辑尺寸标注,并且可以更新尺寸标注等。

1. 编辑标注文本的内容

在标注图形时,如果标注的端点不处于平行状态,那么测量的距离会出现不准确的情况,用户可以通过以下方式编辑标注文本内容。

◎ 执行"修改"|"对象"|"文字"|"编辑"命令。

◎ 在命令行输入 TEXTEDIT 命令，然后按 Enter 键。

◎ 双击需要编辑的标注文字。

2. 调整标注角度

执行"标注"|"对齐文字"|"角度"命令，根据命令行提示，选中需要修改的标注文本，并输入文字角度即可。

3. 调整标注文本位置

除了可以编辑文本内容之外，还可以调整标注文本的位置，用户可以通过以下方式调整标注文本的位置。

◎ 执行"标注"|"对齐文字"命令的子菜单命令，其中包括默认、角度、左、居中、右 5 个选项，如图 7-61 所示。

◎ 选择标注，将鼠标移动到文本位置的夹点上，在弹出的快捷菜单中可进行相关操作，如图 7-62 所示。

◎ 在命令行输入 DIMTEDIT 命令，然后按 Enter 键。

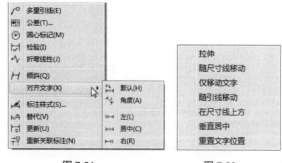

图 7-61   图 7-62

4. 更新尺寸标注

更新尺寸标注是指用选定的标注样式更新标注对象，用户可以通过以下方式调用更新尺寸标注命令。

◎ 执行"标注"|"更新"命令。

◎ 在"注释"选项卡的"标注"面板中单击"更新"按钮。

◎ 在命令行输入 DIMSTYLE 命令，然后按 Enter 键。

命令行提示如下：

```
命令:_-dimstyle
当前标注样式:ISO-25 注释性:否
输入标注样式选项
[注释性(AN)/ 保存(S)/ 恢复(R)/ 状态(ST)/ 变量(V)/ 应用(A)/?] < 恢复 >:_apply
选择对象:
```

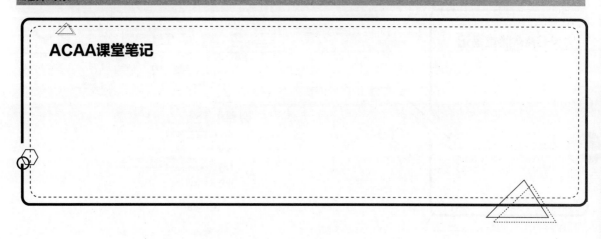

ACAA课堂笔记

■ 实例：标注垫片图形

下面通过标注垫片图形来介绍尺寸标注的方法，通过学习本案例，读者能够熟练掌握对图形进行尺寸标注的操作，操作步骤介绍如下。

Step01 打开垫片素材图形，如图 7-63 所示。

Step02 执行"标注"|"线性"命令，为图形创建线性标注，如图 7-64 所示。

Step03 执行"标注"|"直径"命令，为图形创建直径标注，如图 7-65 所示。

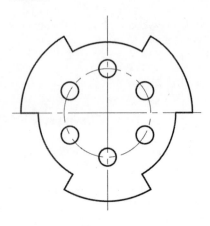

图 7-63

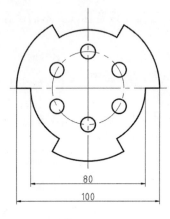

图 7-64

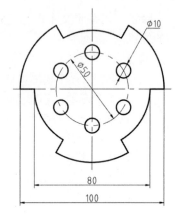

图 7-65

Step04 执行"标注"|"角度"命令，为图形创建线性标注，如图 7-66 所示。

Step05 在命令行中输入命令 ed，按 Enter 键确认后选择其中一个线性标注，如图 7-67 所示。

Step06 在"文字编辑器"选项卡的"插入"面板中单击"符号"下拉按钮，在打开的列表中选择"直径%%c"选项，如图 7-68 所示。

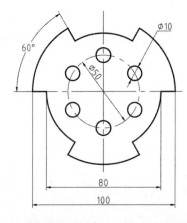

图 7-66

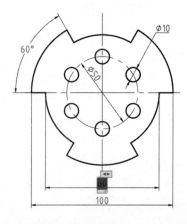

图 7-67

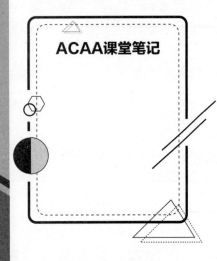

ACAA课堂笔记

图 7-68

AutoCAD 2020 机械设计课堂实录

Step07 为尺寸数字前添加直径符号，在空白处单击即可完成操作，如图 7-69 所示。

Step08 照此操作方法编辑其他标注文字内容，如图 7-70 所示。

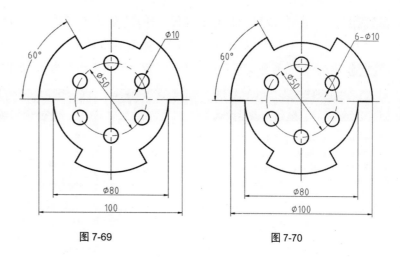

图 7-69　　　　　　　　　　图 7-70

■ 课堂实战：为底座图形创建标注、文字说明

　　通过本章的学习，用户会对标注、文字以及表格的应用有了一定的了解，下面就通过一个案例巩固一下本章所学知识。

Step01 打开底座素材文件，如图 7-71 所示。

Step02 执行"格式"|"标注样式"命令，打开"标注样式管理器"对话框，单击"新建"按钮，创建名为"标注1"的标注样式，如图 7-72 所示。

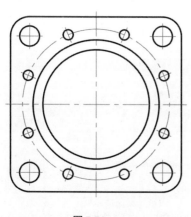

图 7-71

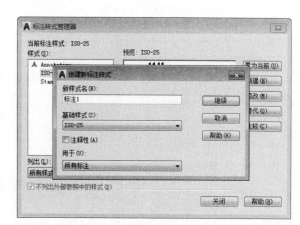

图 7-72

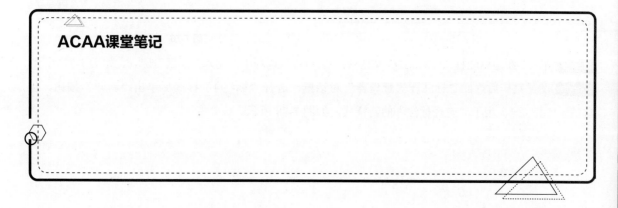

ACAA课堂笔记

Step03 单击"继续"按钮,打开"新建标注样式"对话框,在"文字"选项卡设置"文字样式"为txt,"文字高度"为4,"从尺寸线偏移"为1.5,如图7-73所示。

Step04 切换到"符号和箭头"选项卡,设置"箭头大小"为4,如图7-74所示。

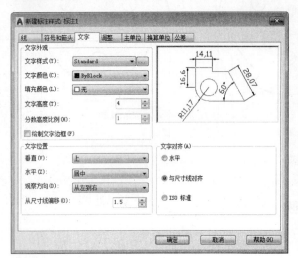

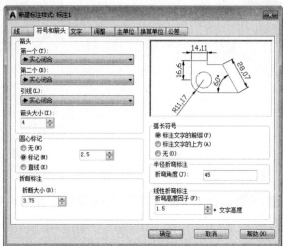

图 7-73   图 7-74

Step05 切换到"线"选项卡,设置"超出尺寸线"为2,"起点偏移量"为2,如图7-75所示。

Step06 设置完成后关闭对话框,返回"标注样式管理器"对话框,继续单击"新建"按钮,创建名为"标注2"的标注样式,如图7-76所示。

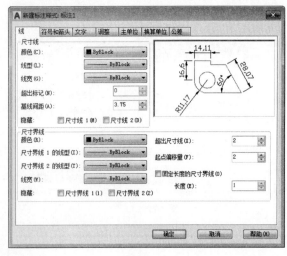

图 7-75   图 7-76

Step07 进入"新建标注样式"对话框,切换到"主单位"选项卡,输入"前缀"%%c,如图7-77所示。

Step08 设置完毕后返回"标注样式管理器"对话框,选择"标注1"样式后单击"新建"按钮,创建基于"标注1"用于"直径标注"的新样式,如图7-78所示。

图 7-77

图 7-78

Step09 单击"继续"按钮，打开"新建标注样式"对话框，切换到"文字"选项卡，设置文字对齐方式为"水平"，如图 7-79 所示。

Step10 关闭对话框返回"标注样式管理器"对话框，可以看到新创建的 3 个样式名，如图 7-80 所示。

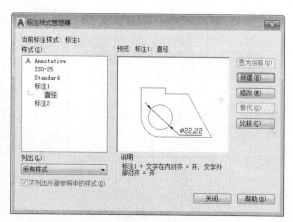

图 7-79

图 7-80

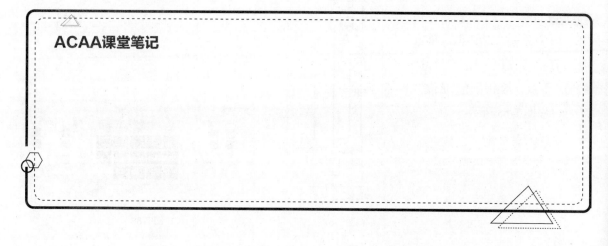

ACAA课堂笔记

Step11 将"标注 1"置为当前，执行"标注"|"线性"命令，为底座俯视图添加线性标注，如图 7-81 所示。

Step12 依次执行"直径""角度"命令，为图形添加直径标注和角度标注，如图 7-82 所示。

Step13 在命令行输入命令 ed，按 Enter 键确定后选择直径标注，修改标注内容，如图 7-83 所示。

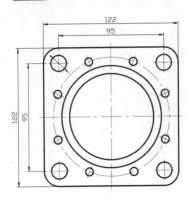

图 7-81

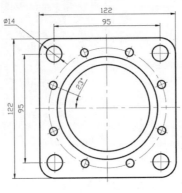

图 7-82

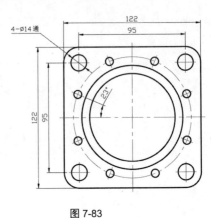

图 7-83

Step14 执行"线性"标注命令，为剖面图创建线性标注，如图 7-84 所示。

Step15 将"标注 2"样式置为当前，继续执行"线性"标注命令，为剖面图创建线性标注，如图 7-85 所示。

Step16 在命令行输入命令 ed，修改标注内容，如图 7-86 所示。

Step17 执行"多重引线"标注命令，在剖面图上创建多个不带标注文字的箭头引线，如图 7-87 所示。

Step18 执行"公差"命令，打开"形位公差"对话框，单击第一行符号按钮，打开"特征符号"面板，从中选择"定位"符号，如图 7-88 所示。

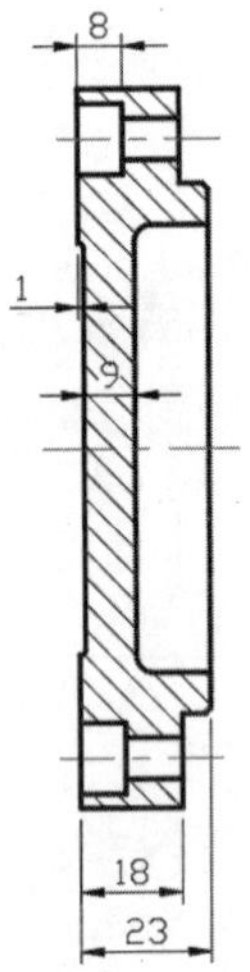

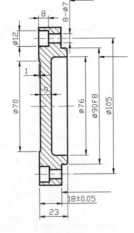

图 7-84

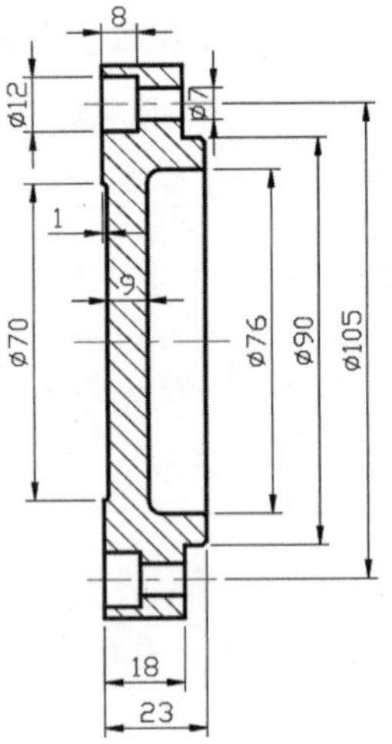

图 7-85

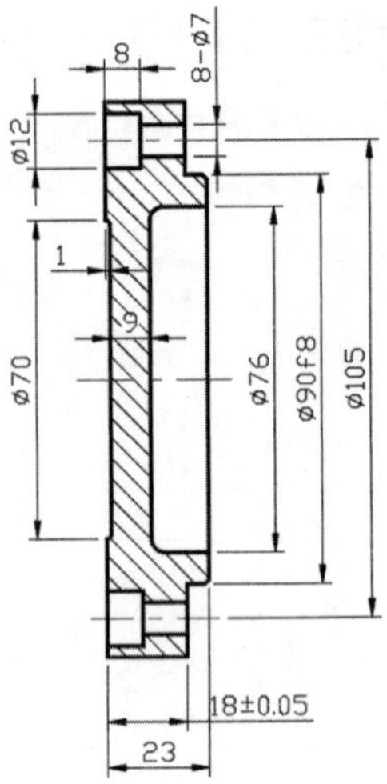

图 7-86

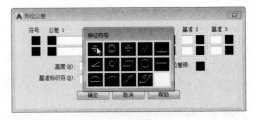

图 7-87

图 7-88

AutoCAD 2020 机械设计课堂实录

Step19 返回"形位公差"对话框，再输入"公差1"值为%%c0.25，再输入"公差2"值为B，如图7-89所示。

Step20 单击"确定"按钮，为公差指定位置，如图7-90所示。

Step21 照此操作方法再创建其他两个形位公差标注，完成本次操作，如图7-91所示。

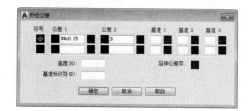

图 7-89

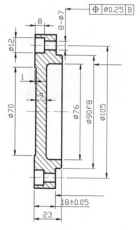

图 7-90

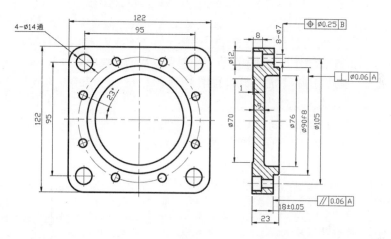

图 7-91

ACAA课堂笔记

课后作业

一、填空题

1. 想要标注倾斜直线的实际长度，应该使用_____命令。

2. 在工程制图时，一个完整的尺寸标注应该由_____、尺寸线、箭头和尺寸数字4个要素组成。

3. 机械零件，用户可以使用_____功能，使其采用当前的尺寸标注样式。

二、选择题

1. 下列尺寸标注中公用一条基线的是（　　　）。
   A. 基线标注　　　　　　B. 连续标注　　　　　　C. 公差标注　　　　　　D. 引线标注

2. 若尺寸的公差是 20±0.034，则"公差"选项板中，显示公差的（　　　）设置。
   A. 极限偏差　　　　　　B. 极限尺寸　　　　　　C. 基本尺寸　　　　　　D. 对称

3. 创建一个标注样式，此标注样式的基准标注为（　　　）。
   A. ISO-25　　　　　　　　　　　　　　B. 当前标注样式
   C. 应用最多的标注样式　　　　　　　　D. 命名最靠前的标注样式

4. 在标注样式设置中，将"使用全局比例"值增大，将（　　　）。
   A. 使所有标注样式设置增大　　　　　　B. 使标注的测量值增大
   C. 使箭头增大　　　　　　　　　　　　D. 使尺寸文字增大

三、操作题

1. 为机械零件图进行标注。

本实例将利用相关标注命令为图 7-92 所示的机械图形进行标注操作。

操作提示：

Step01 执行"标注样式"命令，设置好标注样式。

Step02 利用"线性""半径"等标注命令标注机械图形。

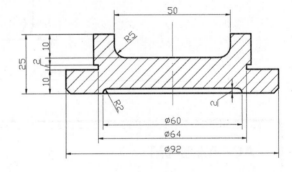

图 7-92

2. 标注公差尺寸。

本实例将应用公差等标注命令为图 7-93 所示的机械图形进行标注。

操作提示：

Step01 执行"公差"命令为图形标注公差值。

Step02 执行"直径"标注命令标注轴孔直径尺寸。

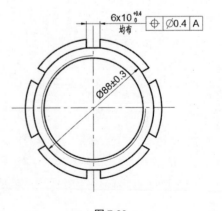

图 7-93

AutoCAD 2020 机械设计课堂实录

第 ⟨8⟩ 章

创建三维机械模型

内容导读

　　本章将介绍如何创建三维机械模型，AutoCAD 软件不仅具有强大的二维绘图功能，而且还具备较强的三维绘图功能。提供了绘制多段体、长方体、球体、圆柱体、圆锥体等基本几何实体的命令，用户也可通过对二维轮廓图形进行拉伸、旋转、扫掠创建三维实体。

学习目标

　　》　三维绘图环境

　　》　创建三维实体模型

　　》　二维图形生成三维实体

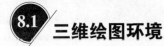

8.1 三维绘图环境

利用 AutoCAD 软件不仅能够绘制二维图形，还可以绘制三维图形，想要掌握三维绘图的操作，则需熟悉三维空间的设置。通过下面的学习，用户可以了解到相关知识的操作技巧。

8.1.1 三维建模工作空间

如果需要创建三维模型或者使用三维坐标系，首先要将工作空间设置为三维建模空间，用户可以通过以下方式设置三维建模空间。

◎ 执行"工具"|"工作空间"|"三维建模"命令，如图 8-1 所示。

◎ 在状态栏的右侧单击"切换工作空间"按钮，在弹出的列表中选择"三维建模"选项，如图 8-2 所示。

◎ 在命令行输入 WSCURRENT 命令并按 Enter 键。

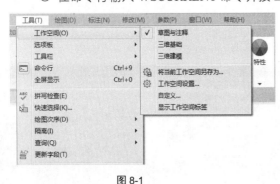

图 8-1

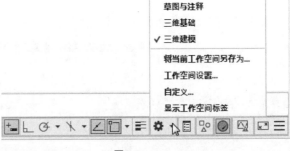

图 8-2

8.1.2 三维视图

在绘制三维模型时需要通过不同的视图观察图形每个角度，在 AutoCAD 软件中提供了多种三维视图样式，比如俯视、左视、右视、前视、后视等。

用户可以通过以下方式设置三维视图。

◎ 执行"视图"|"三维视图"命令的子命令。

◎ 在"常用"选项卡的"坐标"面板中单击"命令 UCS 组合框控制"列表框，从中进行相应的选择。

◎ 在绘图窗口中单击视图控件图标，并进行相应的选择。

8.1.3 三维视觉样式

在三维建模工作空间中，用户可以使用不同的视觉样式观察三维模型。不同的视觉具有不同的效果，如果需要观察不同的视图样式，首先要设置视觉样式，用户可以通过以下方式设置视觉样式。

◎ 执行"视图"|"视觉样式"命令，如图 8-3 所示。

◎ 在"常用"选项卡的"视图"面板中单击"视觉样式"列表框，如图 8-4 所示。

◎ 在"视图"选项卡的"选项板"面板中单击"视觉样式"按钮，在弹出的"视觉样式管理器"面板中设置视觉样式，如图 8-5 所示。

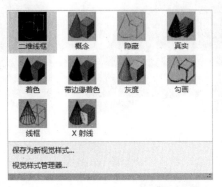

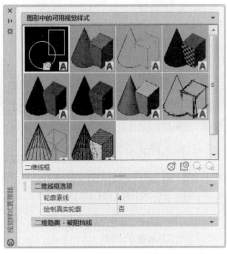

图 8-3 图 8-4 图 8-5

在 AutoCAD 软件中提供了二维线框、概念、隐藏、真实、着色、带边缘着色、灰度、勾画和 X 射线等几种视觉样式。下面将进行具体介绍。

1. 二维线框样式

在三维建模工作空间中，通常二维线框是默认的视觉样式。在该模式中光栅和嵌入对象、线型及线宽均为可见，如图 8-6 所示。

2. 线框样式

线框样式是使用线框来显示三维模型，视觉上比二维线框样式的线条稍细些，如图 8-7 所示。

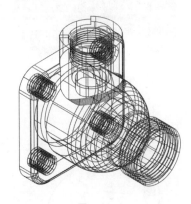

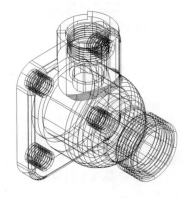

图 8-6 图 8-7

3. 概念样式

概念样式是显示三维模型着色后的效果，该模式使模型的边进行平滑处理，如图 8-8 所示。

4. 隐藏样式

在三维建模中，为了解决复杂模型元素的干扰，利用隐藏样式可以隐藏实体后面的图形，方便绘制和修改图形，如图 8-9 所示。

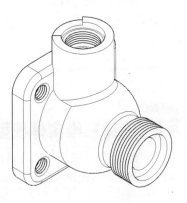

图 8-8 图 8-9

5. 真实样式

真实样式和概念样式相同，均显示三维模型着色后的效果，并添加平滑的颜色过渡效果，且显示模型的材质效果，如图8-10所示。

6. 着色样式

着色样式是模型进行平滑着色的效果，如图8-11所示。

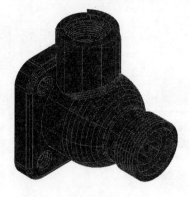

图 8-10   图 8-11

7. 带边缘着色样式

带边缘着色样式是在对图形进行平滑着色的基础上显示边的效果，如图8-12所示。

8. 灰度样式

灰度样式是将图形更改为灰度显示模型，更改完成的图形将显示为灰色，如图8-13所示。

图 8-12   图 8-13

9. 勾画样式

勾画样式通过使用直线和曲线表示边界的方式显示对象，看上去像是勾画出的效果，如图8-14所示。

10. X射线样式

X射线样式将面更改为部分透明，如图8-15所示。

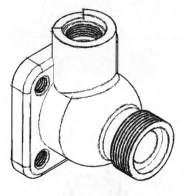

图 8-14   图 8-15

8.2 创建三维实体模型

在 AutoCAD 图形中，可以创建的三维实体模型包括长方体、圆柱体、球体、圆环、棱锥体、多段体等命令。下面将介绍这些命令的操作方法。

8.2.1　创建长方体

长方体在三维建模中应用最为广泛，创建长方体时地面总与 XY 面平行。用户可以通过以下方式调用创建长方体命令。

◎ 执行"绘图"|"建模"|"长方体"命令。

◎ 在"常用"选项卡的"建模"面板中单击"长方体"按钮■。

◎ 在"实体"选项卡的"图元"面板中单击"长方体"按钮。

◎ 在命令行输入 BOX 命令并按 Enter 键。

在"常用"选项卡的"建模"面板中单击"长方体"按钮，根据命令行中提示的信息，设置高度为 400mm，创建长方体，如图 8-16 和图 8-17 所示。

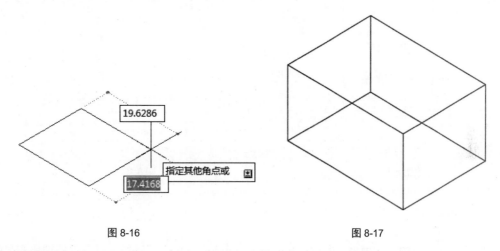

图 8-16   图 8-17

命令行提示如下：

```
命令：_box
指定第一个角点或 [ 中心 (C)]:
指定其他角点或 [ 立方体 (C)/ 长度 (L)]:
指定高度或 [ 两点 (2P)]:
```

> **绘图技巧**
>
> 在创建长方形时也可以直接将视图更改为西南等轴测、东南等轴测、东北等轴测、西北等轴测等视图，然后任意指定点和高度，这样方便观察效果。

8.2.2　创建圆柱体

圆柱体是以圆或椭圆为横截面，通过拉伸横截面形状，创建出来的三维基本模型。用户可以通过以下方式调用圆柱体命令。

◎ 执行"绘图"|"建模"|"圆柱体"命令。

◎ 在"常用"选项卡的"建模"面板中单击"圆柱体"按钮■。

◎ 在"实体"选项卡的"图元"面板中单击"圆柱体"按钮。

◎ 在命令行输入 CYLINDER 命令并按 Enter 键。

利用该命令创建圆柱体后，命令行提示如下：

命令 : _cylinder
指定底面的中心点或 [三点 (3P)/ 两点 (2P)/ 切点、切点、半径 (T)/ 椭圆 (E)]:
指定底面半径或 [直径 (D)] <80.0000>: 80
指定高度或 [两点 (2P)/ 轴端点 (A)] <200.0000>: 180

执行"绘图"|"建模"|"圆柱体"命令，根据命令行提示，指定圆柱体底面中点，输入底面半径，再输入柱体高度即可完成圆柱体的绘制，如图 8-18 和图 8-19 所示为圆柱体和椭圆柱体。

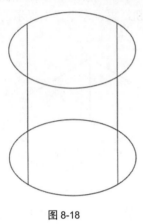
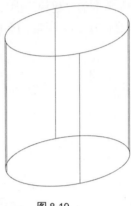

图 8-18   图 8-19

■ 8.2.3　创建楔体

楔体是一个三角形的实体模型，其绘制方法与长方形相似。用户可以通过以下方式调用楔体命令。

◎ 执行"绘图"|"建模"|"楔体"命令。
◎ 在"常用"选项卡的"建模"面板中单击"楔体"按钮 。
◎ 在"实体"选项卡的"图元"面板中单击"楔体"按钮。
◎ 在命令行输入 WEDGE 命令并按 Enter 键。

利用该命令创建楔体后，命令行提示如下：

命令 : _wedge
指定第一个角点或 [中心 (C)]:
指定其他角点或 [立方体 (C)/ 长度 (L)]:
指定高度或 [两点 (2P)] <216.7622>:200

执行"绘图"|"建模"|"楔体"命令，根据命令行提示，指定楔体底面方形起点，指定方形长、宽值，然后指定楔体高度值即可完成绘制，如图 8-20 所示。

■ 8.2.4　创建球体

在 AutoCAD 2020 中，用户可以通过以下方式调用球体命令。

◎ 执行"绘图"|"建模"|"球体"命令。
◎ 在"常用"选项卡的"建模"面板中单击"球体"按钮 。
◎ 在"实体"选项卡的"图元"面板中单击"球体"按钮。
◎ 在命令行输入 SPHERE 命令并按 Enter 键。

利用该命令创建球体后，命令行提示如下：

命令：_sphere
指定中心点或 [三点 (3P)/ 两点 (2P)/ 切点、切点、半径 (T)]:
指定半径或 [直径 (D)] <200.0000>:

执行"绘图"|"建模"|"球体"命令，在绘图区指定球体的中心点并指定半径即可完成球体的绘制，如图 8-21 所示。

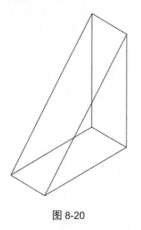

图 8-20

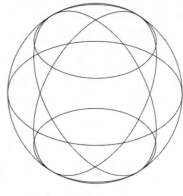

图 8-21

■ 8.2.5 创建圆环

大多数情况下，圆环可以作为三维模型中的装饰材料，应用也非常广泛。用户可以通过以下方式调用圆环命令。

◎ 执行"绘图"|"建模"|"圆环"命令。

◎ 在"常用"选项卡的"建模"面板中单击"圆环"按钮◎。

◎ 在命令行输入 TOR 命令并按 Enter 键。

在命令行输入 TOR 命令并按 Enter 键。根据命令行提示，指定圆环的中心点，再指定圆环的半径，然后指定圆管的半径，如图 8-22 和图 8-23 所示。

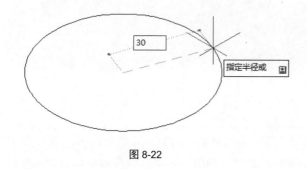

图 8-22

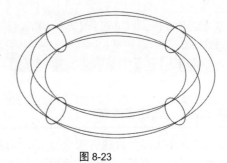

图 8-23

■ 8.2.6 创建棱锥体

棱锥体的底面为多边形，由底面多边形拉伸出的图形为三角形，它们的顶点为共同点。用户可以通过以下方式调用棱锥体命令。

◎ 执行"绘图"|"建模"|"棱锥体"命令。

◎ 在"常用"选项卡的"建模"面板中单击"棱锥体"按钮◈。

◎ 在"实体"选项卡的"图元"面板中单击"多段体"的下拉菜单按钮,在弹出的列表框中单击"棱锥体"按钮。

◎ 在命令行输入 PYRAMID/PYR 命令并按 Enter 键。

利用该命令创建棱锥体后,命令行提示如下:

```
命令：_torus
指定中心点或 [ 三点 (3P)/ 两点 (2P)/ 切点、切点、半径 (T)]:
指定半径或 [ 直径 (D)] <133.3616>: 100
指定圆管半径或 [ 两点 (2P)/ 直径 (D)]: 15
```

在"常用"选项卡的"建模"面板中单击"棱锥体"按钮,根据提示指定任意一点,再根据提示输入底面半径 100,按 Enter 键后,向上移动鼠标,根据提示输入高度 300mm,再次按 Enter 键,完成棱锥体的绘制,如图 8-24 和图 8-25 所示。

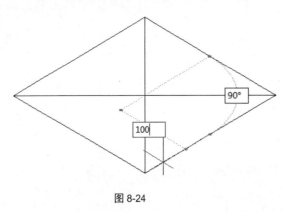

图 8-24

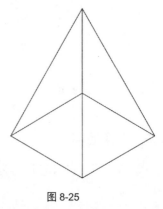

图 8-25

利用该命令创建棱锥体后,命令行提示如下:

```
命令：PYRAMID
 4 个侧面 外切
指定底面的中心点或 [ 边 (E)/ 侧面 (S)]: s
输入侧面数 <4>: 4
指定底面的中心点或 [ 边 (E)/ 侧面 (S)]:
指定底面半径或 [ 内接 (I)] <353.5534>:100
指定高度或 [ 两点 (2P)/ 轴端点 (A)/ 顶面半径 (T)] <550.0000>:300
```

■ 8.2.7 创建多段体

绘制多实体与绘制多段线的方法相同。默认情况下,多实体始终带有一个矩形轮廓。可以指定轮廓的高度和宽度。通常如果绘制不规则的三维墙体,就可以利用该命令。用户通过以下方式可以调用多段体命令。

◎ 执行"绘图"|"建模"|"多段体"命令。

◎ 在"常用"选项卡的"建模"面板中单击"多段体"按钮▱。

◎ 在"实体"选项卡的"图元"面板中单击"多段体"按钮。

◎ 在命令行输入 POLYSOLID 命令并按 Enter 键。

命令行提示如下：

命令：_Polysolid 高度 = 80.0000, 宽度 = 5.0000, 对正 = 居中
指定起点或 [对象 (O)/ 高度 (H)/ 宽度 (W)/ 对正 (J)] < 对象 >:
指定下一个点或 [圆弧 (A)/ 放弃 (U)]:

8.3 生成三维实体

在三维建模工作空间中，用户可以通过拉伸、放样、旋转、扫掠和按住并拖动等命令创建三维模型。本节将对其相关的知识进行介绍。

■ 8.3.1 拉伸实体

使用拉伸命令，可以创建各种沿指定的路径拉伸出的实体，用户可以通过以下方式调用拉伸命令。

◎ 执行"绘图" | "建模" | "拉伸"命令。

◎ 在"常用"选项卡的"建模"面板中单击"拉伸"按钮 。

◎ 在"实体"选项卡的"实体"面板中单击"拉伸"按钮。

◎ 在命令行输入 EXTRUDE 命令并按 Enter 键。

任意绘制一个圆，执行"拉伸"命令，根据命令行提示，选择拉伸图形，按 Enter 键，移动鼠标进行图形的拉伸，如图 8-26 和图 8-27 所示。

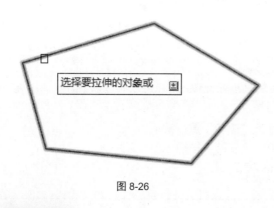

图 8-26

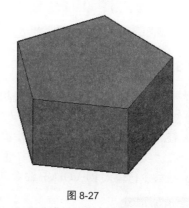

图 8-27

知识拓展

若在拉伸时倾斜角或拉伸高度较大，将导致拉伸对象或拉伸对象的一部分在到达拉伸高度之前就已经聚集到一点，此时则无法拉伸对象。

■ 8.3.2 放样实体

放样是通过指定两条或两条以上的横截面曲线来生成实体，放样的横截曲面需要和第一个横截曲面在同一平面上，用户可以通过以下方式调用放样命令。

◎ 执行"绘图" | "建模" | "放样"命令。

◎ 在"常用"选项卡的"建模"面板中单击"放样"按钮🛢。
◎ 在"实体"选项卡的"实体"面板中单击"放样"按钮。

绘制同心圆，如图8-28执行"拉伸"命令，根据命令行提示依次选择圆形作为横截面，按Enter键后设置精度值为8，再执行"视图"|"全部重生成"命令，效果如图8-29所示。

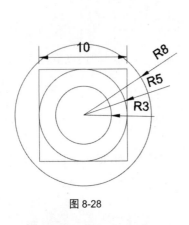

图8-28

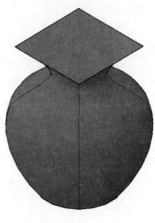

图8-29

8.3.3 旋转实体

旋转是将创建的二维闭合图形通过指定的旋转轴进行旋转，用户可以通过以下方式调用旋转操作：
◎ 执行"绘图"|"建模"|"旋转"命令。
◎ 在"常用"选项卡的"建模"面板中单击"旋转"按钮🛢。
◎ 在"实体"选项卡的"实体"面板中单击"旋转"按钮。
◎ 在命令行输入REVOLVE命令并按Enter键。

实例：创建油标模型

下面将绘制一个油标模型，通过学习本案例，读者能够熟练掌握AutoCAD中如何使用"拉伸""阵列""差集"等命令，其具体操作步骤介绍如下。

Step01 打开油标图形，如图8-30所示。

Step02 执行"多段线"命令，捕捉绘制油标图形的半个外轮廓，如图8-31所示。

图 8-30

图 8-31

Step03 切换到东北等轴测视图，执行"绘图"|"建模"|"旋转"命令，根据提示选择要旋转的对象，如图 8-32 所示。

Step04 按 Enter 键确认后，再根据提示指定旋转轴的起点和端点，如图 8-33 所示。

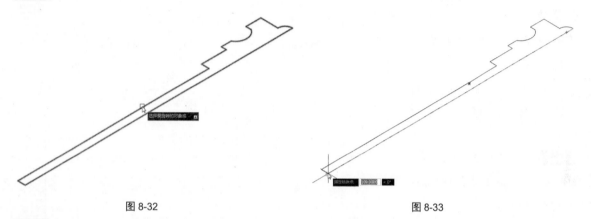

图 8-32

图 8-33

Step05 接着指定旋转角度，这里直接输入 360，如图 8-34 所示。

Step06 按 Enter 键确认，即可完成油标模型的创建，按住 Shift 键旋转模型，可以观察模型的细节，如图 8-35 所示。

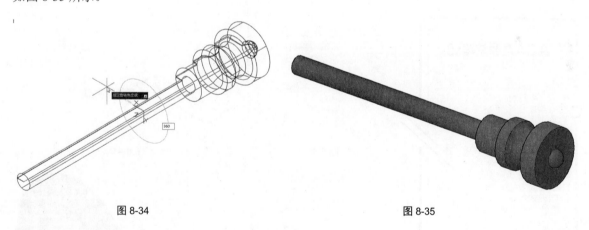

图 8-34

图 8-35

■ 实例：创建回转体面模型

下面将绘制一个回转体面模型。通过学习本案例，读者能够熟练掌握 AutoCAD 中如何使用"旋转""圆角边"等命令，其具体操作步骤介绍如下。

Step01 执行"绘图"|"直线"命令，绘制尺寸为 17.8mm×17.6mm 的矩形图形，如图 8-36 所示。

Step02 执行"修改"|"偏移"命令，将线段向内进行偏移，如图 8-37 所示。

Step03 执行"修改"|"修剪"命令，修剪删除掉多余的线段，如图 8-38 所示。

Step04 分别执行"圆角"和"倒角"命令,对轮廓边进行圆角和倒角操作,圆角及倒角尺寸如图 8-39 所示。

Step05 执行"绘图"|"直线"命令,在距离该图形 14.5mm 位置,绘制直线,如图 8-40 所示。

Step06 将视图控件转化为西南等轴测视图,将视觉样式控件转化为概念,在"常用"选项卡的"建模"面板中单击"旋转"按钮,选择旋转对象,如图 8-41 所示。

Step07 按 Enter 键,根据命令行提示,指定轴起点和轴端点,如图 8-42 所示。

Step08 根据命令行提示指定,旋转角度 360°,完成回转体面模型的绘制,如图 8-43 所示。

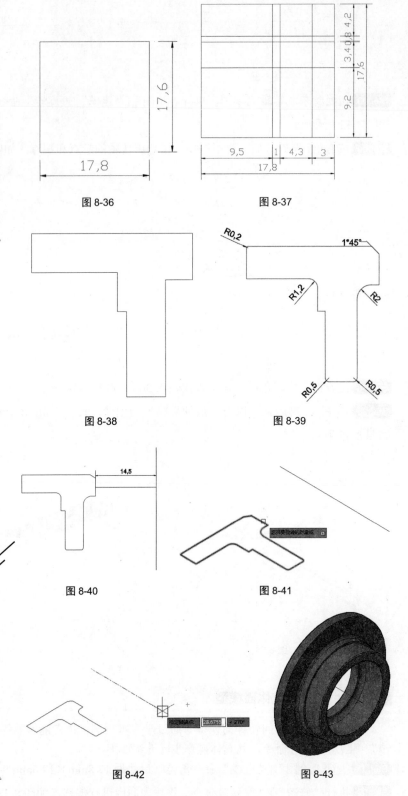

图 8-36

图 8-37

图 8-38

图 8-39

图 8-40

图 8-41

图 8-42

图 8-43

ACAA课堂笔记

扫掠实体是指将需要扫掠的轮廓按指定路径进行实体或曲面，如何进行扫掠多个对象，则这些对象必须处于同一平面上，扫掠图形性质取决于路径是封闭或是开放的，若路径处于开放，则扫掠的图形是曲线，若是封闭，则扫掠的图形为实体。

用户可以通过以下方式调用扫掠实体命令。

◎ 执行"绘图"|"建模"|"扫掠"命令。

◎ 在"常用"选项卡的"建模"面板中单击"扫掠"按钮🔖。

◎ 在"实体"选项卡的"实体"面板中单击"扫掠"按钮。

◎ 在命令行输入 SWEEP 命令并按 Enter 键。

绘制矩形图形，执行"扫掠"命令，并指定对象，按 Enter 键指定扫掠路径，并生成扫掠实体，更改视觉样式为灰度样式，即可预览灰度样式效果，如图 8-44 和图 8-45 所示。

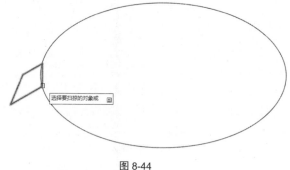

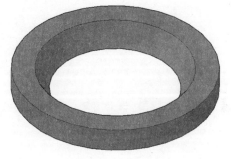

图 8-44　　　　　　　　　　　　　　　　图 8-45

知识点拨

在进行扫掠操作时，可以扫掠多个对象，但这些对象都必须位于同一个平面中，如果沿一条路径扫掠闭合的曲线，则生成实体，如果沿一条路径扫掠开放的曲线，则生成曲面。

■ 8.3.5　按住并拖动

按住并拖动也是拉伸实体的一种，通过指定二维图形，进行拉伸操作。用户可以通过以下操作调用按住并拖动命令。

◎ 在"常用"选项卡的"建模"面板中单击"按住并拖动"按钮🔖。

◎ 在"实体"选项卡的"实体"面板中单击"按住并拖动"按钮。

◎ 在命令行输入 SWEEP 命令并按 Enter 键。

注意事项

该命令与拉伸操作相似。但"拉伸"命令只能限制在二维图形上操作，而"按住并拖动"命令无论是在二维或三维图形上都可进行拉伸。需要注意的是，"按住并拖动"命令操作对象则是一个封闭的面域。

■ **实例：创建弹簧模型**

下面将绘制一个弹簧模型。通过学习本案例，读者能够熟练掌握 AutoCAD 中如何使用"扫掠""圆"等命令，其具体操作步骤介绍如下。

Step01 启动 AutoCAD 2020 软件，新建图形文件，将其保存为"弹簧"文件，将视图控件转化为西南等轴测，视觉样式控件为二维线框。执行"绘图"|"螺旋"命令，根据命令行提示设置底面直径为 35mm，顶面直径为 35mm，圈数为 5，圈高为 6，如图 8-46 所示。

Step02 执行"绘图"|"圆"命令，绘制一个半径为 1mm 的圆图形，如图 8-47 所示。

Step03 执行"绘图"|"建模"|"扫掠"命令，选择扫掠对象，如图 8-48 所示。

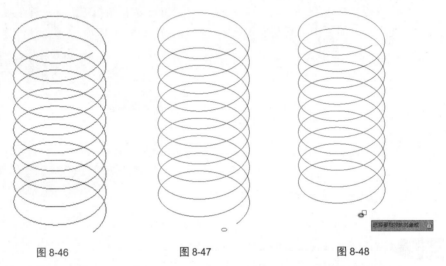

图 8-46   图 8-47   图 8-48

Step04 按 Enter 键，根据命令行提示，选择螺旋线作为扫掠路径，如图 8-49 所示。

Step05 将视觉样式控件转化为概念，完成弹簧模型的绘制，如图 8-50 所示。

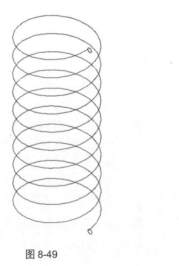

图 8-49   图 8-50

AutoCAD 2020 机械设计课堂实录

■ 课堂实战：创建连杆模型

为了更好地掌握三维模型的创建方法，接下来练习制作案例，以实现对所学内容的温习巩固。下面具体介绍创建连杆模型的方法，其中主要运用到的三维命令包括"拉伸"和"差集"等。

Step01 打开连杆图形，如图 8-51 所示。

Step02 执行"多段线"命令，捕捉绘制连杆中间部分的轮廓，如图 8-52 所示。

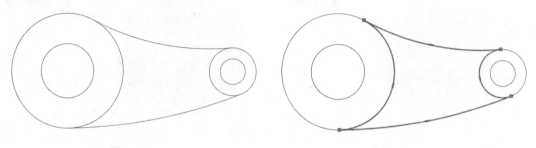

图 8-51   图 8-52

Step03 切换到西南等轴测视图，执行"绘图"|"建模"|"圆柱体"命令，捕捉圆心作为圆柱体底面中心点，如图 8-53 所示。

Step04 移动光标在小圆上捕捉一点用于指定底面半径，如图 8-54 所示。

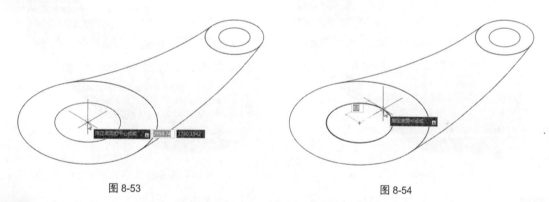

图 8-53   图 8-54

Step05 继续移动光标，指定圆柱体高度为 13，如图 8-55 所示。

Step06 按 Enter 键即可完成圆柱体的创建，如图 8-56 所示。

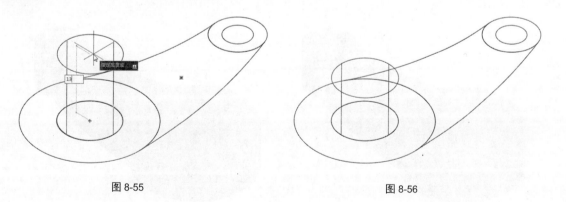

图 8-55   图 8-56

Step07 照此方法创建其他 3 个圆柱体，切换到概念视图，如图 8-57 所示。

Step08 执行"绘图"|"建模"|"拉伸"命令，根据提示选择要拉伸的对象，如图 8-58 所示。

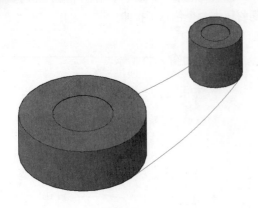

图 8-57

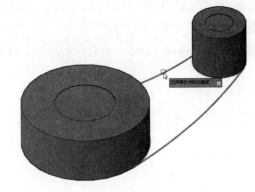

图 8-58

Step09 按 Enter 键确认，根据提示输入拉伸高度 6，如图 8-59 所示。

Step10 再按 Enter 键确认，完成拉伸实体的创建，如图 8-60 所示。

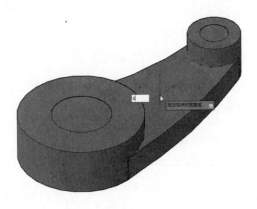

图 8-59

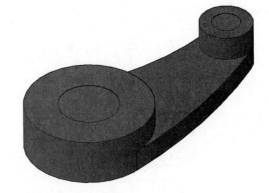

图 8-60

Step11 选择拉伸实体，将其沿 Z 轴向上移动 3.5mm，如图 8-61 所示。

Step12 执行"差集"命令，将小圆柱体与大圆柱体进行差集操作，将其从中减去，完成连杆模型的制作，如图 8-62 所示。

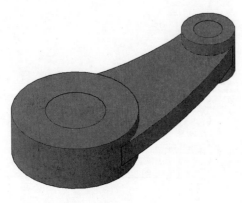

图 8-61

图 8-62

AutoCAD 2020 机械设计课堂实录

课后作业

一、填空题

1. 在 AutoCAD 中，三维坐标分为_____和用户坐标系两种。

2. _____可以看作是以矩形为底面，其一边沿法线方向拉伸所形成的具有楔状特征的实体，也就是 1/2 长方体。

3. _____是以圆或椭圆为截面形状，沿该截面法线方向拉伸所形成的实体特征。

二、选择题

1. 在 AutoCAD 中，使用（　　　）命令可创建用户坐标系。

　　A. U　　　　　　　　　　　　　B. UCS

　　C. S　　　　　　　　　　　　　D. W

2. 使用（　　　）命令，可将二维闭合的图形以中心轴为旋转中心进行旋转，从而形成三维实体模型。

　　A. 拉伸　　　　　　　　　　　　B. 放样

　　C. 扫掠　　　　　　　　　　　　D. 旋转

3. 不同的三维模型类型之间可以进行转换，包括（　　　）。

　　A. 从实体到曲面　　　　　　　　B. 从曲面到线框

　　C. 从线框到曲面　　　　　　　　D. 从曲面到实体

4. （　　　）命令可以将两个或多个实体对象合并成一个新的复合实体，新实体由各个组成对象的所有部分组成，没有相重合的部分。

　　A. 差集　　　　　　　　　　　　B. 交集

　　C. 并集　　　　　　　　　　　　D. 剖切

5. 从两个或多个实体或面域的交集创建复合实体或面域，并删除交集以外的部分应该选用以下（　　　）命令。

　　A. 干涉　　　　　　　　　　　　B. 交集

　　C. 差集　　　　　　　　　　　　D. 并集

三、操作题

1. 创建扳手模型。

本实例将利用二维及三维绘图命令绘制出扳手三维模型，效果如图 8-63 所示。

图 8-63

操作提示：

Step01 执行相关二维绘图命令绘制出扳手二维图形。

Step02 执行"拉伸"命令将扳手图形进行拉伸。

2. 绘制底座模型。

本实例将利用所学的绘图工具绘制出底座三维模型，结果如图 8-64 所示。

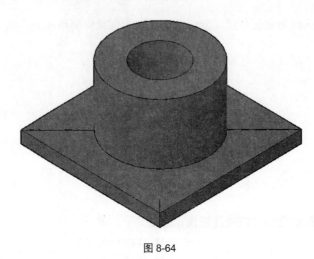

图 8-64

操作提示：

Step01 执行二维命令绘制出底座图形。

Step02 执行三维绘图命令，拉伸出视图模型。

Step03 执行并集、差集命令将模型进行修剪。

AutoCAD 2020 机械设计课堂实录

第〈9〉章

编辑三维机械实体

内容导读

　　本章将介绍如何编辑三维机械模型，在 AutoCAD 软件中，用户不仅可以创建基本的三维模型，还可以将二维图形生成三维模型，并对三维模型进行编辑，绘制出更复杂的图形。通过对这些内容的学习，用户可以熟悉编辑三维模型的基本方法，掌握渲染三维模型的方法与技巧。

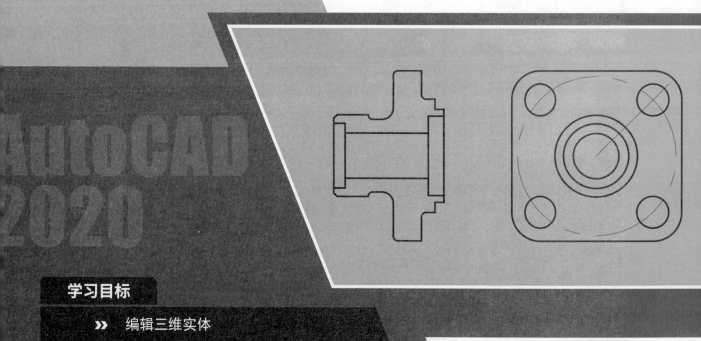

学习目标

- » 编辑三维实体
- » 修改三维实体
- » 设置材质和贴图

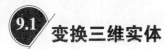

9.1 变换三维实体

在三维操作中，可以像二维图形一样对三维实体进行移动、对齐、旋转、镜像、阵列等操作。本节将对这些命令的使用方法和技巧进行介绍。

9.1.1 三维移动

使用移动工具可以将三维对象按照指定的位置进行移动，在 AutoCAD 软件中，用户可以通过以下方式调用移动命令。

◎ 执行"修改"|"三维操作"|"三维移动"命令。
◎ 在"常用"选项卡的"修改"面板中单击"三维移动"按钮 ⏣。
◎ 在命令行输入 3DMOVE 命令并按 Enter 键。

命令行提示如下：

```
命令：_3dmove
选择对象：找到 1 个
选择对象：
指定基点或 [ 位移 (D)] < 位移 >：
指定第二个点或 < 使用第一个点作为位移 >：正在重生成模型。
```

执行"修改"|"三维操作"|"三维移动"命令，选择三维实体，按 Enter 键确认后，实体居中位置会出现一个三维坐标，如图 9-1 所示。红色代表 x 轴，绿色代表 y 轴，蓝色代表 z 轴，将光标移动到轴上时，轴会变成黄色，单击后移动光标，实体即会随着光标移动。

9.1.2 三维旋转

三维旋转可以将指定的对象按照指定的角度绕三维空间定义轴旋转，用户可以通过以下方式调用旋转命令。

◎ 执行"修改"|"三维操作"|"三维旋转"命令。
◎ 在"常用"选项卡的"修改"面板中单击"三维旋转"按钮 ⏣。
◎ 在命令行输入 3DROTATE 命令并按 Enter 键。

命令行提示如下：

```
命令：_3drotate
UCS 当前的正角方向：ANGDIR= 逆时针 ANGBASE=0
选择对象：找到 1 个
选择对象：
指定基点：
** 旋转 **
指定旋转角度或 [ 基点 (B)/ 复制 (C)/ 放弃 (U)/ 参照 (R)/ 退出 (X)]：正在重生成模型。
```

执行"修改"|"三维操作"|"三维旋转"命令，选择三维实体，按 Enter 键确认后，实体居中位置会出现一个三维旋转坐标，如图 9-2 所示。

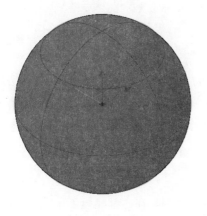

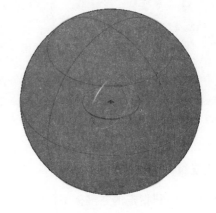

图 9-1   图 9-2

■ 9.1.3 三维对齐

对齐命令是将图形按照指定的点进行对齐操作，用户可以通过以下操作调用对齐命令。

◎ 执行"修改"|"三维操作"|"三维对齐"命令。

◎ 在"常用"选项卡的"修改"面板中单击"三维对齐"按钮 。

◎ 在命令行输入 3DALIGN 命令并按 Enter 键。

命令行提示如下：

```
命令：_3dalign
选择对象：找到 1 个
选择对象：
 指定源平面和方向 ...
指定基点或 [ 复制 (C)]:
指定第二个点或 [ 继续 (C)] <C>:
指定第三个点或 [ 继续 (C)] <C>:
 指定目标平面和方向 ...
指定第一个目标点：
指定第二个目标点或 [ 退出 (X)] <X>:
指定第三个目标点或 [ 退出 (X)] <X>:
```

■ 9.1.4 三维镜像

镜像三维对象是指将三维模型按照指定的三个点进行镜像，用户可以通过以下方式调用镜像命令。

◎ 执行"修改"|"三维操作"|"三维镜像"命令。

◎ 在"常用"选项卡的"修改"面板中单击"三维镜像"按钮 。

◎ 在命令行输入 MIRROR3D 命令并按 Enter 键。

命令行提示如下：

```
命令：_mirror3d
选择对象：找到 1 个
选择对象：
指定镜像平面 ( 三点 ) 的第一个点或
  [ 对象 (O)/ 最近的 (L)/Z 轴 (Z)/ 视图 (V)/XY 平面 (XY)/YZ 平面 (YZ)/ZX 平面 (ZX)/ 三点 (3)] < 三点 >: 在镜像平面上
指定第二点 : 在镜像平面上指定第三点 :
  是否删除源对象？ [ 是 (Y)/ 否 (N)] < 否 >:
```

■ 9.1.5 三维阵列

三维阵列是指将指定的三维模型按照一定的规则进行阵列，在三维建模工作空间中，阵列三维对象分为矩形阵列和环形阵列。用户可以利用以下方式调用阵列命令。

◎ 执行 "修改" | "三维操作" | "三维阵列" 命令。

◎ 在命令行输入 3DARRAY 命令并按 Enter 键。

1. 三维矩形阵列

三维矩形阵列可以将对象在三维空间以行、列、层的方式复制并排布。执行 "修改" | "三维操作" | "三维阵列" 命令，根据命令行提示，选择阵列对象，按 Enter 键后再根据提示选择 "矩形阵列" 方式，输入相关的行数、列数、层数以及各间距值，即可完成三维矩形阵列操作，如图 9-3 和图 9-4 所示为三维矩形阵列效果。

图 9-3   图 9-4

2. 三维环形阵列

环形阵列是指将三维模型设置指定的阵列角度进行环形阵列。在执行三维阵列命令的过程中，选择 "环形" 选项，则可以在三维空间中环形阵列三维对象，如图 9-5 和图 9-6 所示。

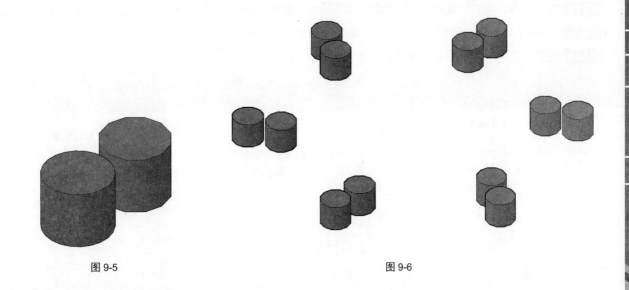

图 9-5   图 9-6

■ 实例：创建皮带轮模型

下面将绘制一个皮带轮模型，主要应用到"三维阵列""三维镜像""差集"等命令，其具体操作步骤介绍如下。

Step01 打开皮带轮图形，如图 9-7 所示。

Step02 切换到西南等轴测视图，执行"拉伸"命令，将大圆和其中一个小圆向上拉伸 50mm，如图 9-8 所示。

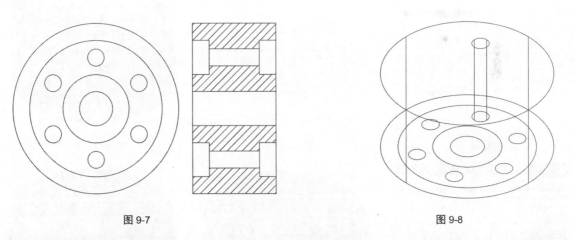

图 9-7   图 9-8

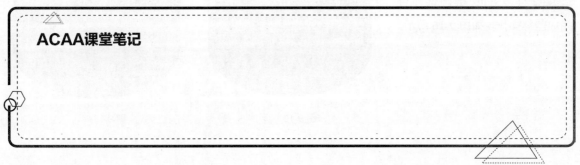

ACAA课堂笔记

Step03 执行"修改"|"三维操作"|"三维阵列"命令，根据提示选择要操作的对象，如图 9-9 所示。

Step04 按 Enter 键确认，根据提示选择"环形"阵列类型，如图 9-10 所示。

Step05 接着再输入项目数为 6，如图 9-11 所示。

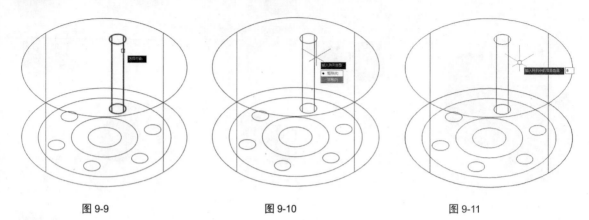

图 9-9   图 9-10   图 9-11

Step06 按 Enter 键确认，默认填充角度为 360°，继续按 Enter 键确认，根据提示依次指定上下两个圆心作为旋转轴上的第一点和第二点，如图 9-12 所示。

Step07 单击鼠标即可完成三维阵列操作，如图 9-13 所示。

Step08 切换到概念视图，执行"差集"命令，根据提示选择大圆柱体，如图 9-14 所示。

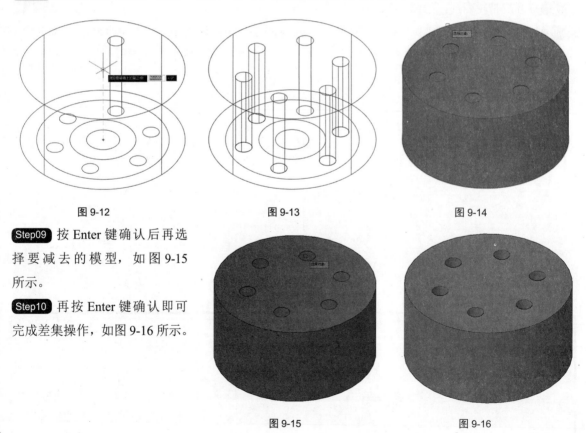

图 9-12   图 9-13   图 9-14

Step09 按 Enter 键确认后再选择要减去的模型，如图 9-15 所示。

Step10 再按 Enter 键确认即可完成差集操作，如图 9-16 所示。

图 9-15   图 9-16

Step11 切换到二维线框样式，执行"拉伸"命令，将半径为40mm的圆拉伸10mm的高度，如图9-17所示。

Step12 再执行"直线"命令，在模型外轮廓绘制三条直线，如图9-18所示。

Step13 执行"修改"|"三维操作"|"三维镜像"命令，根据提示选择要进行镜像操作的对象，如图9-19所示。

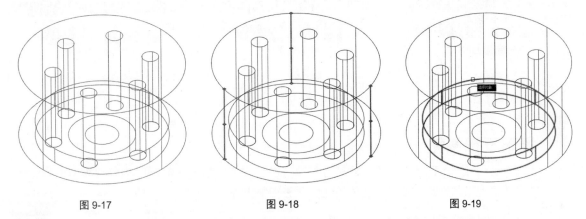

图 9-17   图 9-18   图 9-19

Step14 按Enter键确认，再根据提示在镜像平面上指定三点，这里分别指定三条直线的中点，如图9-20所示。

Step15 接着根据提示选择是否删除源对象，如图9-21所示。

Step16 完成三维镜像操作，如图9-22所示。

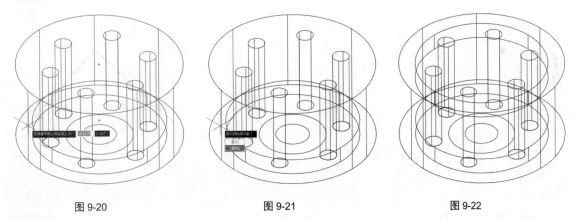

图 9-20   图 9-21   图 9-22

Step17 再执行"差集"命令，将上下两个圆柱体从主体模型中减去，删除三条直线，切换到概念视图，效果如图9-23所示。

Step18 切换到二维线框样式，执行"拉伸"命令，对半径为10mm和5mm的圆进行拉伸操作，高度为50mm，再切换到概念样式，如图9-24所示。

Step19 执行"并集"命令，将半径为10mm的圆柱体合并到模型，再执行"差集"命令，将半径为5mm的圆柱体从模型中减去，完成皮带轮模型的创建，如图9-25所示。

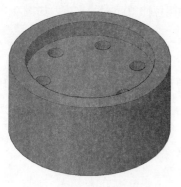

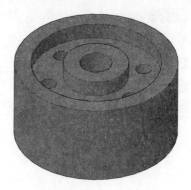

图 9-23　　　　　　　　　图 9-24　　　　　　　　　图 9-25

 编辑三维实体

在 AutoCAD 软件中，除了对三维实体进行移动、旋转、对齐、镜像等操作外，为了使模型更为逼真，可对三维实体进行布尔操作，或者对实体的边和面进行编辑等。

■ 9.2.1　编辑三维实体边

在 AutoCAD 软件中，用户可对三维实体边进行编辑，例如压印边、着色边、复制边等。下面将分别对其操作方法进行介绍。

1. 压印边

压印边是在选定的图形对象上压印一个图形对象。压印对象包括圆弧、圆、直线、二维和三维多段线、椭圆、样条曲线、面域、体和三维实体。执行"修改"|"实体编辑"|"压印边"命令，根据命令行提示，分别选择三维实体和需要压印图形的对象，然后选择是否删除源对象即可。

命令行提示如下：

```
命令：_imprint
选择三维实体或曲面：
选择要压印的对象：
是否删除源对象 [ 是 (Y)/ 否 (N)] <N → ：y
选择要压印的对象：
```

下面介绍压印边的操作方法。

打开素材文件，执行"修改"|"实体编辑"|"压印边"命令，根据命令行提示，依次选择三维实体和要压印的对象，再根据提示选择是否删除源对象，按 Enter 键即可完成压印边的操作，如图 9-26 和图 9-27所示。

图 9-26　　　　　　　　　图 9-27

AutoCAD 2020 机械设计课堂实录

2. 着色边

着色边主要用于更改模型边线的颜色。执行"修改"|"实体编辑"|"着色边"命令，根据命令行提示，选择需要更改的模型边线，然后在颜色面板中，选择所需的颜色即可。

命令行提示如下：

```
命令：_solidedit
实体编辑自动检查：SOLIDCHECK=1
输入实体编辑选项 [ 面 (F)/ 边 (E)/ 体 (B)/ 放弃 (U)/ 退出 (X)] < 退出→ : _edge
输入边编辑选项 [ 复制 (C)/ 着色 (L)/ 放弃 (U)/ 退出 (X)] < 退出→ : _color
选择边或 [ 放弃 (U)/ 删除 (R)]:
选择边或 [ 放弃 (U)/ 删除 (R)]:
选择边或 [ 放弃 (U)/ 删除 (R)]:
选择边或 [ 放弃 (U)/ 删除 (R)]:
输入边编辑选项 [ 复制 (C)/ 着色 (L)/ 放弃 (U)/ 退出 (X)] < 退出→ :
实体编辑自动检查：SOLIDCHECK=1
输入实体编辑选项 [ 面 (F)/ 边 (E)/ 体 (B)/ 放弃 (U)/ 退出 (X)] < 退出→ :
```

执行"修改"|"实体编辑"|"着色边"命令，根据提示选择三维实体，按 Enter 键后打开"选择颜色"对话框，从中选择合适的颜色，单击"确定"按钮，设置完成后按两次 Enter 键即可完成操作，如图 9-28 和图 9-29 所示。

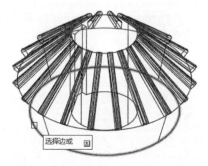

图 9-28   图 9-29

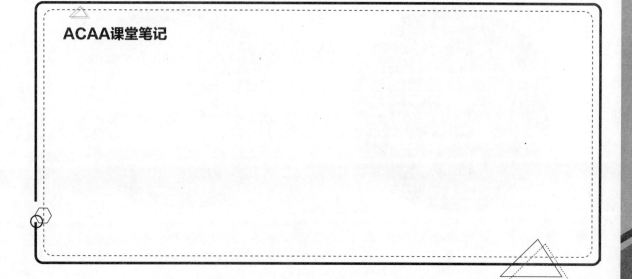

ACAA课堂笔记

3. 复制边

复制边用于复制三维模型的边，其操作对象包括直线、圆弧、圆、椭圆以及样条曲线。用户只需执行"修改"|"实体编辑"|"复制边"命令，根据命令行提示选择要复制的模型边，指定复制基点，再指定新的基点即可。

执行"修改"|"实体编辑"|"复印边"命令，根据提示选择三维实体，按 Enter 键后移动鼠标，单击鼠标左键，指定第二个基点，设置完成后按两次 Enter 键即可完成操作，如图 9-30 和图 9-31 所示。

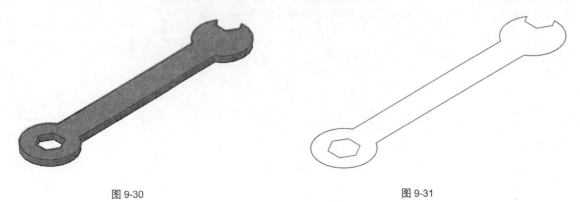

图 9-30   图 9-31

4. 提取边

使用"提取边"命令，可从三维实体、曲面、网格、面域或子对象的边创建线框几何图形，也可以按住 Ctrl 键选择提取单个边和面。

用户可以通过以下方式调用"提取边"命令。

◎ 执行"修改"|"三维操作"|"提取边"命令。

◎ 在"常用"选项卡的"实体编辑"面板中单击"提取边"按钮🔲。

◎ 在"实体"选项卡的"实体编辑"面板中单击"提取边"按钮🔲。

◎ 在命令行输入 XEDGES 命令，然后按 Enter 键。

执行"修改"|"三维操作"|"提取边"命令，选择实体上需要提取的边，按 Enter 键即可完成提取边操作，删除源实体模型即可看到边线效果，如图 9-32 和图 9-33 所示。

 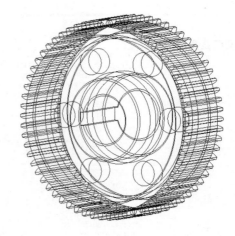

图 9-32   图 9-33

5. 倒角边

倒角边是指将三维模型的边通过指定的距离进行倒角，从而形成面。用户可以通过以下方式调用倒角边命令。

◎ 执行"修改"|"实体编辑"|"倒角边"命令。

◎ 在"实体"选项卡的"实体编辑"面板中单击"倒角边"按钮 。

◎ 在命令行输入CHAMFEREDGE命令并按Enter键。

下面将设置基面倒角距离为100，其他曲面倒角距离为100。

随意创建一个长方体，执行"修改"|"实体编辑"|"倒角边"命令，根据命令行提示设置基面倒角距离为100，再设置其他曲面倒角距离为100，设置完成后按Enter键即可完成倒角边操作，如图9-34和图9-35所示。

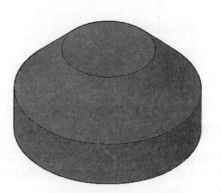

图9-34 图9-35

6. 圆角边

圆角边是指将指定的边界通过一定的圆角距离建立圆角，用户可以通过以下方式调用"圆角边"命令。

◎ 执行"修改"|"实体编辑"|"圆角边"命令。

◎ 在"实体"选项卡的"实体编辑"面板中单击"圆角边"按钮。

◎ 在命令行输入FILLETEDGE命令并按Enter键。

绘图技巧

通过上述方法，可指定圆角边的半径，并选择倒角边，还可以为每个圆角边指定单独的测量单位，并对一系列相切的边进行圆角处理。

在"实体编辑"组中，除了以上几种编辑实体的命令外，还有其他操作命令，比如"干涉""分割""清除"和"检查"等。使用这些命令时，只需要根据命令行中的提示信息操作即可。这些命令不常用，因此不详细介绍。

任意创建一个长方体，执行"修改"|"实体编辑"|"圆角边"命令，根据命令行提示选择边，并设置半径，如图9-36和图9-37所示。

图 9-36

图 9-37

■ 9.2.2 编辑三维实体面

除了可对实体进行倒角、阵列、镜像、旋转等操作外，AutoCAD 还专门提供了编辑实体模型表面、棱边以及体的命令。对于面的编辑，提供了拉伸面、移动面、偏移面、删除面、旋转面、倾斜面、复制面以及着色面这几种命令，下面将分别进行介绍。

1. 拉伸面

拉伸面是将选定的三维模型面拉伸到指定的高度或者沿路径拉伸，一次可选择多个面进行拉伸。执行"修改"|"实体编辑"|"拉伸面"命令，根据命令行提示选择所需要拉伸的模型面，输入拉伸高度值，或者选择拉伸路径即可进行拉伸操作，如图 9-38 和图 9-39 所示。

图 9-38

图 9-39

2. 移动面

移动面是将选定的面沿着指定的高度或距离进行移动，当然一次可以选择多个面进行移动。执行"修改"|"实体编辑"|"移动面"命令，根据命令行提示选择所需要移动的三维实体面，指定移动基点，然后再指定新的基点即可，如图 9-40 和图 9-41 所示。

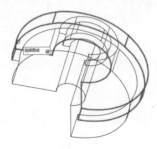
图 9-40

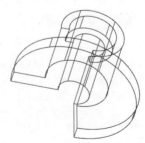
图 9-41

3. 偏移面

偏移面是按指定距离或通过指定的点，将面进行偏移。如果值为正值，则增大实体体积，如果是负值，则缩小实体体积。执行"常用"|"实体编辑"|"偏移面"命令，根据命令提示，选择要偏移的面，并输入偏移距离即可完成操作，如图9-42和图9-43所示。

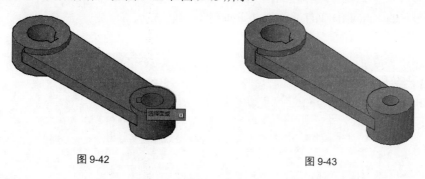

图9-42   图9-43

4. 复制面

复制面是将选定的实体面进行复制操作。执行"常用"|"实体编辑"|"复制面"命令，选中所需复制的实体面，并指定复制基点，然后指定新基点即可，如图9-44和图9-45所示。

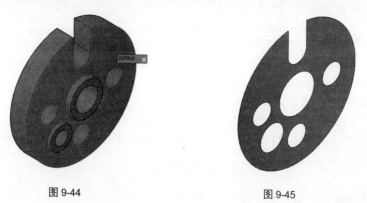

图9-44   图9-45

5. 删除面

删除面是删除实体的圆角或倒角面，使其恢复至原来的基本实体模型。执行"常用"|"实体编辑"|"删除面"命令，选择要删除的倒角面，按Enter键即可完成，如图9-46和图9-47所示。

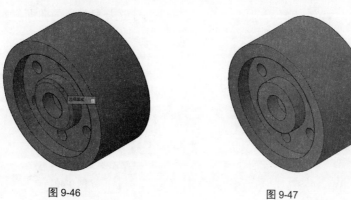

图9-46   图9-47

第9章

编辑三维机械实体

9.2.3　抽壳

利用抽壳命令可以将三维模型转换为中空薄壁或壳体。用户可以通过以下方式调用"抽壳"命令。
◎ 执行"修改"|"实体编辑"|"抽壳"命令。
◎ 在"实体"选项卡的"实体编辑"面板中单击"抽壳"按钮。
◎ 在命令行输入 SOLIDEDIT 命令并按 Enter 键。
命令行提示如下：

```
命令：_solidedit
实体编辑自动检查：SOLIDCHECK=1
输入实体编辑选项 [ 面 (F)/ 边 (E)/ 体 (B)/ 放弃 (U)/ 退出 (X)] < 退出 " > "：_body
输入体编辑选项
[ 压印 (I)/ 分割实体 (P)/ 抽壳 (S)/ 清除 (L)/ 检查 (C)/ 放弃 (U)/ 退出 (X)] < 退出 " > "：_shell
选择三维实体：
删除面或 [ 放弃 (U)/ 添加 (A)/ 全部 (ALL)]: 找到一个面，已删除 1 个。
删除面或 [ 放弃 (U)/ 添加 (A)/ 全部 (ALL)]:
输入抽壳偏移距离：20
已开始实体校验。
已完成实体校验。
```

9.2.4　加厚

加厚命令可以为曲面添加厚度，将其转换为三维实体。用户可以通过以下方式调用"加厚"命令。
◎ 执行"修改"|"三维操作"|"加厚"命令。
◎ 在"实体"选项卡的"实体编辑"面板中单击"加厚"按钮。
◎ 在命令行输入 SOLIDEDIT 命令，然后按 Enter 键，根据命令行提示输入命令 B，再按 Enter 键后输入命令 SEPARATE。

■ 实例：将平面加厚为三维实体

下面利用"加厚"功能将平面曲面转换为三维实体，操作步骤介绍如下。

Step01 执行"绘图"|"建模"|"曲面"|"平面"命令，绘制尺寸为 200mm×100mm 的平面曲面，如图 9-48 所示。

Step02 执行"修改"|"三维操作"|"加厚"命令，根据提示选择要加厚的曲面，如图 9-49 所示。

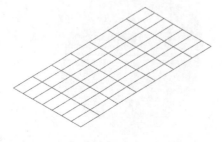

图 9-48

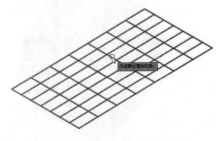

图 9-49

Step03 按 Enter 键确认，再根据提示指定加厚厚度为 40，如图 9-50 所示。

Step04 再按 Enter 键确认，即可完成加厚操作，如图 9-51 所示。

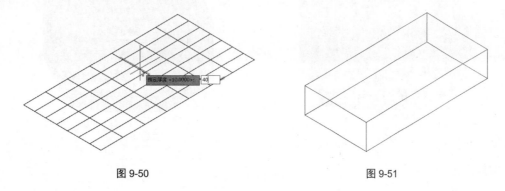

图 9-50　　　　　　　　　　　　　　　　　图 9-51

■ 9.2.5　布尔运算

布尔运算包括并集、差集、交集 3 种布尔值，利用布尔值可以将两个或两个以上的图形进行加减方式结合成新的实体。

1. 实体并集

并集是指将两个或者两个以上的图形进行并集操作，利用并集命令可以将所有实体图形结合为一体，没有相重合的部分，用户可以通过以下方式调用"并集"命令。

◎ 执行"修改"|"实体编辑"|"并集"命令。

◎ 在"常用"选项卡的"实体编辑"面板中单击"并集"按钮（◯◯）。

◎ 在"实体"选项卡的"布尔值"面板中单击"并集"按钮。

◎ 在命令行输入 UNION 命令并按 Enter 键。

如图 9-52 和图 9-53 所示为并集运算命令创建复合体对象的结果。

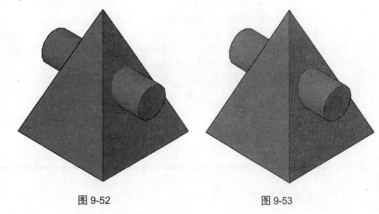

图 9-52　　　　　　　　　图 9-53

2. 实体差集

差集是指从一个或多个实体中减去指定实体的若干部分，用户可以通过以下方式调用"差集"命令。

◎ 执行"修改"|"实体编辑"|"差集"命令。

◎ 在"常用"选项卡的"实体编辑"面板中单击"差集"按钮（◯◯）。

◎ 在"实体"选项卡的"布尔值"面板中单击"差集"按钮。

◎ 在命令行输入 SUBTRACT 命令并按 Enter 键。

如图 9-54 和图 9-55 所示为差集运算命令创建复合体对象的结果。

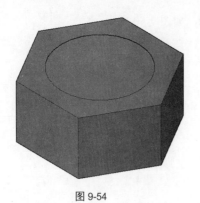
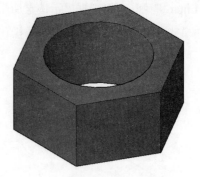

图 9-54 图 9-55

3. 实体交集

交集是指将两个实体模型重合的公共部分创建复合体，用户可以通过以下方式调用交集命令。

◎ 执行"修改"|"实体编辑"|"交集"命令。

◎ 在"常用"选项卡的"实体编辑"面板中单击"交集"按钮 ⟨○⟩。

◎ 在"实体"选项卡的"布尔值"面板中单击"交集"按钮。

◎ 在命令行输入 INTERSECT 命令并按 Enter 键。

如图 9-56 和图 9-57 所示为交集运算命令创建复合体对象的结果。

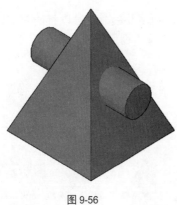

图 9-56 图 9-57

ACAA课堂笔记

AutoCAD 2020 机械设计课堂实录

■ 实例：创建传动轴套模型

下面将绘制传动轴套模型，通过学习本案例，读者能够熟练掌握 AutoCAD 中如何使用"圆""拉伸""偏移""差集"等命令，其具体操作步骤介绍如下。

Step01 启动 AutoCAD 软件，新建空白文档，将其保存为"传动轴套"文件，执行"绘图"|"构造线"命令，绘制两条垂直的构造线，如图 9-58 所示。

Step02 执行"修改"|"偏移"命令，将垂直方向的构造线左右各偏移 140mm，如图 9-59 所示。

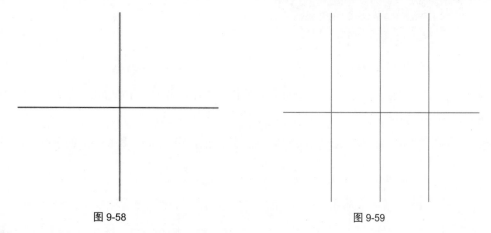

图 9-58   图 9-59

Step03 执行"绘图"|"圆"命令，捕捉构造线的交点，绘制半径为 200mm 和 20mm 的圆图形，如图 9-60 所示。

Step04 删除构造线，将视图控件转化为西南等轴测视图，将视觉样式控件转化为概念，执行"绘图"|"建模"|"拉伸"命令，将图形向上拉伸 40mm，如图 9-61 所示。

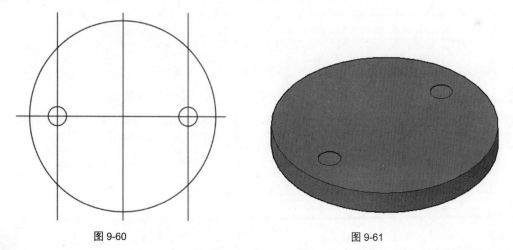

图 9-60   图 9-61

Step05 执行"修改"|"实体编辑"|"差集"命令，将两个小圆柱体与大圆柱体进行差集操作，如图 9-62 所示。

Step06 将视图控件转化为俯视图，将视觉样式控件转化为二维线框，执行"绘图"|"构造线"命令，绘制两条垂直的构造线，如图 9-63 所示。

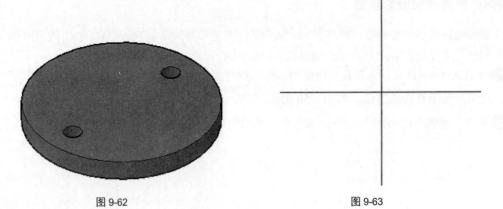

图 9-62　　　　　　　　　　　　　　　　图 9-63

Step07 执行"修改"|"偏移"命令，将垂直方向的构造线左右各偏移 100mm，水平方向的构造线各偏移 150mm，如图 9-64 所示。

Step08 执行"绘图"|"圆"命令，捕捉构造线的交点，绘制半径为 200mm 和 25mm 的圆图形，如图 9-65 所示。

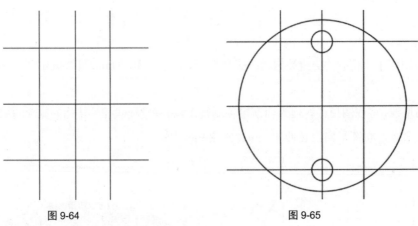

图 9-64　　　　　　　　　　　　　　　　图 9-65

Step09 执行"修改"|"修剪"命令，修剪删除掉多余的线段，如图 9-66 所示。

Step10 执行"绘图"|"面域"命令，将弧线和直线组成的区域创建为面域。将视图控件转化为西南等轴测视图，如图 9-67 所示。

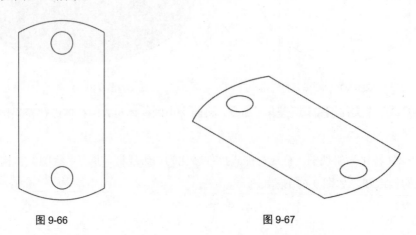

图 9-66　　　　　　　　　　　　　　　　图 9-67

AutoCAD 2020 机械设计课堂实录

Step11 将视觉样式控件转化为概念，执行"绘图"|"建模"|"拉伸"命令，将图形向上拉伸40mm，如图 9-68 所示。

Step12 执行"修改"|"实体编辑"|"差集"命令，将实体与两个小圆柱体进行差集操作，如图 9-69 所示。

图 9-68

图 9-69

Step13 然后将刚绘制的实体移动至前面绘制的圆柱实体上，如图 9-70 所示。

Step14 执行"绘图"|"建模"|"圆柱体"命令，捕捉实体顶面的中心，绘制半径为 60mm 和 80mm，高为 250mm 的圆柱体图形，如图 9-71 所示。

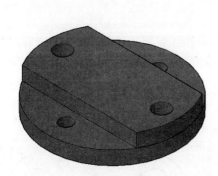

图 9-70

图 9-71

Step15 执行"修改"|"实体编辑"|"差集"命令，将刚绘制的两个圆柱体进行差集操作，如图 9-72 所示。

Step16 执行"矩形""圆角"命令，绘制长 200mm，宽 20mm 的矩形图形，再设置圆角半径为10mm，如图 9-73 所示。

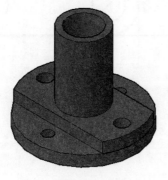

图 9-72

图 9-73

Step17 执行"绘图"|"建模"|"拉伸"命令,将修剪后的图形拉伸 200mm,如图 9-74 所示。

Step18 执行"修改"|"移动"命令,将刚绘制出来的实体移动到圆柱体上,如图 9-75 所示。

Step19 执行"修改"|"实体编辑"|"差集"命令,将刚绘制的模型与实体进行差集操作,完成传动轴套模型的绘制,如图 9-76 所示。

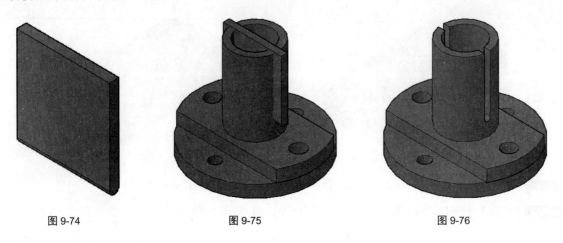

图 9-74   图 9-75   图 9-76

■ 课堂实战:创建阀盖模型

为了更好地掌握三维模型的创建方法,接下来练习制作案例,以实现对所学内容的温习巩固。下面具体介绍利用零件图创建模型的方法,其中主要运用到的三维命令包括"倒角边""圆角边""差集"等。

Step01 打开阀盖零件图,如图 9-77 所示。

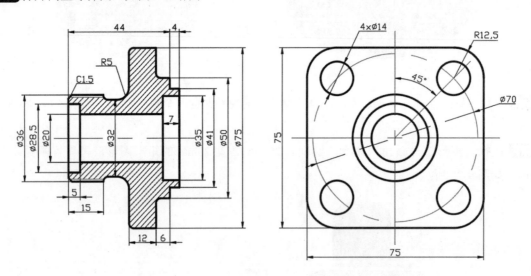

图 9-77

Step02 删除标注和图案填充等多余图形,如图 9-78 所示。

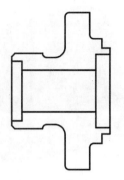

图 9-78

Step03 切换到西南等轴测视图，执行"拉伸"命令，将圆角矩形和四角的圆统一向下拉伸 12mm，切换到概念视图，如图 9-79 所示。

Step04 执行"差集"命令，将四个角的圆柱体从模型中减去，如图 9-80 所示。

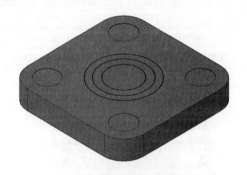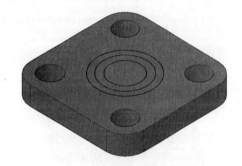

图 9-79   图 9-80

Step05 执行"偏移"命令，将同心圆中直径为 36mm 的圆向内偏移 2mm，如图 9-81 所示。

Step06 执行"拉伸"命令，将外侧的圆向上拉伸 15mm，偏移后的圆向上拉伸 11mm，再调整圆的位置，如图 9-82 所示。

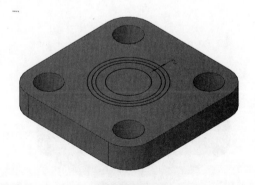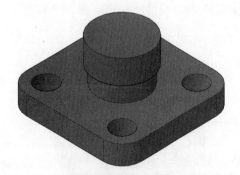

图 9-81   图 9-82

Step07 执行"并集"命令，将三个模型合并为一个整体。按住 Shift 键旋转视口，翻转到模型底部，执行"直线"命令，捕捉中点绘制一条直线，如图 9-83 所示。

Step08 执行"圆柱体"命令，捕捉直线中点，创建一个半径为 25mm，高度为 6mm 的圆柱体，如图 9-84 所示。

图 9-83　　　　　　　　　　　图 9-84

Step09 在圆柱体底面上捕捉象限点绘制一条直线，再执行"圆柱体"命令，捕捉直线中点创建半径为 20.5mm，高度为 4mm 的圆柱体，如图 9-85 所示。

Step10 删除多余的直线，执行"并集"命令，将模型合并为一个整体。执行"直线"命令，在模型底部绘制一条直线，再执行"圆柱体"命令，捕捉中点向上创建半径为 17.5mm、高度为 7mm 的圆柱体和半径为 10mm、高度为 48mm 的圆柱体，如图 9-86 所示。

图 9-85　　　　　　　　　　　图 9-86

Step11 执行"差集"命令，将刚创建的两个圆柱体分别从模型中减去，再删除直线，如图 9-87 所示。

Step12 切换到西南等轴测视图，如图 9-88 所示。

图 9-87　　　　　　　　　　　图 9-88

Step13 执行"圆柱体"命令，捕捉顶部圆心向下创建半径为 14.25mm，高度为 5mm 的圆柱体，如图 9-89 示。

Step14 执行"差集"命令，将圆柱体从模型中减去，如图 9-90 所示。

AutoCAD 2020 机械设计课堂实录

图 9-89

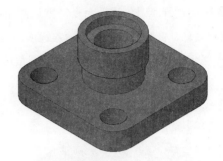

图 9-90

Step15 执行"修改"|"实体编辑"|"倒角边"命令，接着在命令行输入命令 d，按 Enter 键确认后输入距离 1 和距离 2 都为 1.5，再按 Enter 键确认，接着选择要操作的边，如图 9-91 所示。

Step16 单击并选择边后按 Enter 键两次即可完成倒角边操作，如图 9-92 所示。

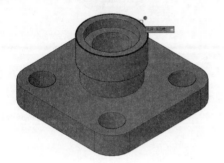

图 9-91

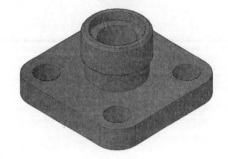

图 9-92

Step17 执行"修改"|"实体编辑"|"圆角边"命令，接着在命令行输入命令 r，按 Enter 键确认后输入圆角半径为 5mm，再按 Enter 键确认，接着选择要操作的边，如图 9-93 所示。

Step18 按 Enter 键两次即可完成圆角边的操作，如图 9-94 所示。

图 9-93

图 9-94

Step19 照此方法再设置圆角半径为 2mm，为模型的下方两处进行圆角处理，如图 9-95 所示。

图 9-95

Step20 再次执行"圆角边"命令，默认圆角半径为 2mm，在命令行输入命令 L，按 Enter 键后根据提示选择边环，此时系统会提示输入选项，这里选择"接受"，如图 9-96 所示。

Step21 按两次 Enter 键确认，即可完成圆角边操作。删除中心线，即完成阀盖模型的创建，如图 9-97 所示。

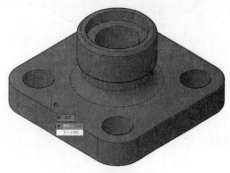

图 9-96

图 9-97

△ **ACAA课堂笔记**

课后作业

一、填空题

1. 可以在三维空间中创建对象的矩形阵列和环形阵列。使用该命令时用户除了需要指定列数和行数外，还要指定阵列的_____。

2. 使用_____命令，可以将一个实体分成两个实体。

3. 是按指定距离或通过指定的点，将面进行偏移。如果值为正值，则增大实体体积，如果是负值，则缩小实体体积。

二、选择题

1. 使用（　　）命令，可以将三维实体转换为中空薄壁或壳体。
    A. 抽壳   B. 剖切
    C. 倒角边   D. 圆角边

2. 以下对象不是 AutoCAD 的基本实体类型的是（　　）。
    A. 球体   B. 长方体
    C. 圆顶   D. 圆锥体

3. 下列命令属于三维实体编辑的是（　　）。
    A. 三维镜像   B. 抽壳
    C. 剖切   D. 以上都是

4. 当复制三维对象的边时，边是作为（　　）复制的。
    A. 圆   B. 直线
    C. 圆弧   D. 以上都是

三、操作题

1. 绘制缸体三维模型。

本实例将利用所学的三维命令，绘制出缸体模型，效果如图 9-98 所示。

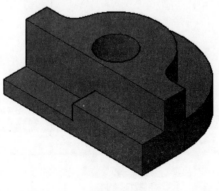

图 9-98

操作提示：

Step01 综合利用二维绘图命令，绘制出缸体二维图形。

Step02 执行"拉伸""差集""并集"等命令，根据二维图形创建出三维视图模型。

2. 绘制连接盘模型。

本实例将利用综合绘图命令，绘制出连接盘三维实体模型，效果如图 9-99 所示。

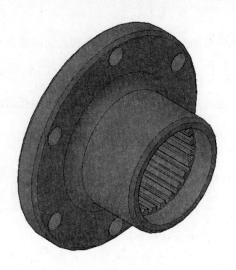

图 9-99

操作提示：

Step01 执行"圆柱体""倒角边"等命令绘制出实体轮廓。

Step02 执行"差集""并集"等命令完成模型的绘制操作。

第⟨10⟩章

绘制常用机械零件图形

内容导读

　　本章将综合运用之前所学的绘图工具，来绘制一些常用的机械零件图形，其中包括空心螺栓零件图、壳体零件图、带座轴承板零件图以及齿轮泵后盖零件图。通过这 4 个实操案例的练习，相信读者能掌握一些简单的机械图形的绘制方法。

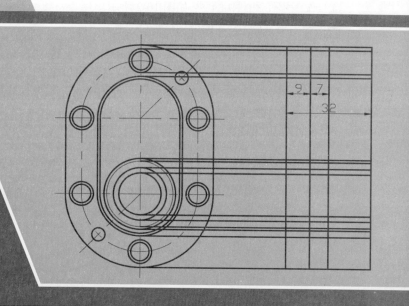

学习目标

»　熟练掌握图形绘制工具的综合使用

»　熟练掌握机械图形标注操作

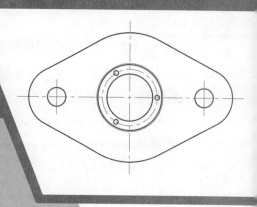

10.1 绘制空心螺栓零件图

空心螺栓又叫过油螺栓，螺栓密封形式为铰接式，多用于输油管、输水管的连接密封。使用空心螺栓可以简化机械结构，降低机器的制造成本。

10.1.1 绘制空心螺栓平面图

下面介绍空心螺栓平面图的绘制，具体操作步骤介绍如下。

Step01 执行"格式"|"图层"命令，打开"图层特性管理器"对话框，创建"粗实线""细实线""中心线"等图层，并设置颜色、线型、线宽等特性，如图 10-1 所示。

Step02 设置"中心线"图层为当前层，执行"直线"命令，绘制两条长度为 36mm 的居中垂直的直线作为零件图的中心线，如图 10-2 所示。

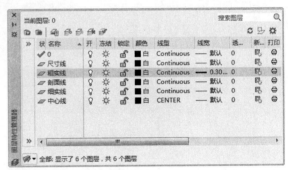

图 10-1

Step03 设置"粗实线"图层为当前层。执行"圆"命令，捕捉直线交点绘制半径为 10.4mm 的圆，如图 10-3 所示。

Step04 接着执行"多边形"命令，设置边数为 6，绘制外切于圆的半径为 12mm 的正六边形，如图 10-4 所示。

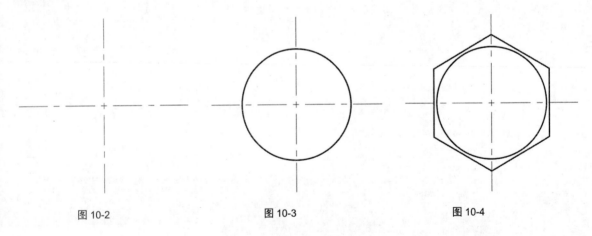

图 10-2　　　　　　　　　图 10-3　　　　　　　　　图 10-4

10.1.2 绘制空心螺栓剖面图

本小节将根据空心螺栓平面图来绘制剖面图，操作步骤介绍如下。

Step01 将"粗实线"图层设置为当前层，执行"直线"命令，捕捉平面图中正六边形的角点绘制长度为 46mm 的长方形，如图 10-5 所示。

Step02 执行"直线"命令，捕捉中点绘制一条中线，再执行"偏移"命令，对图形边线进行偏移操作，偏移尺寸如图 10-6 所示。

AutoCAD 2020 机械设计课堂实录

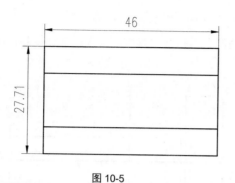

图 10-5

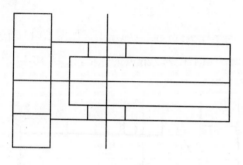

图 10-6

Step03 执行"修剪"命令，修剪多余的线条，如图 10-7 所示。

Step04 执行"倒角"命令，设置倒角距离为 1，对图形右侧进行倒角操作，如图 10-8 所示。

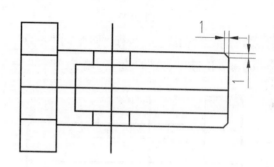

图 10-7

图 10-8

Step05 执行"偏移"命令，设置偏移距离为 0.5mm，对左侧边线进行偏移操作，如图 10-9 所示。

Step06 执行"旋转"命令，对图形边线进行旋转复制操作，如图 10-10 所示。

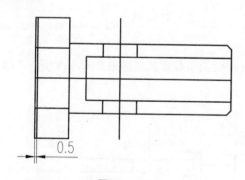

图 10-9

图 10-10

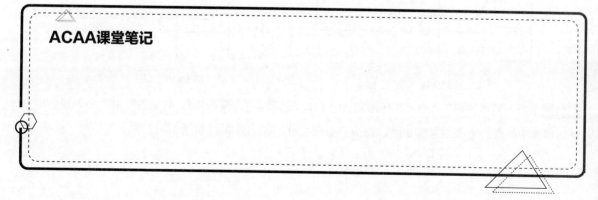

ACAA课堂笔记

Step07 执行"修剪"命令，修剪并删除多余的图形，如图 10-11 所示。

Step08 执行"偏移"命令，将内部边线偏移 3mm 的距离，再执行"直线"命令，捕捉绘制直线，绘制出螺栓内部造型，如图 10-12 所示。

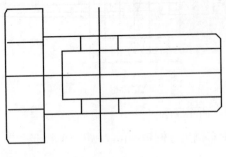

图 10-11

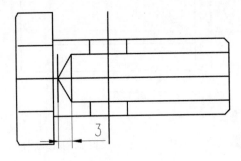

图 10-12

Step09 删除偏移的线段，执行"圆弧"|"三点"命令，为螺栓头部绘制圆弧造型，如图 10-13 所示。

Step10 接着执行"圆弧"|"起点,端点,半径"命令，继续绘制半径为 22mm 的弧形，如图 10-14 所示。

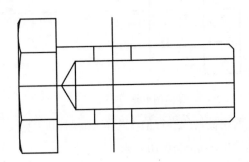

图 10-13

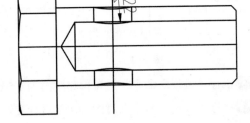

图 10-14

Step11 执行"修剪"命令，修剪图形，如图 10-15 所示。

Step12 执行"圆角"命令，设置圆角半径为 0.8mm，对螺栓头部和螺柱之间进行圆角操作，再绘制直线补充图形，如图 10-16 所示。

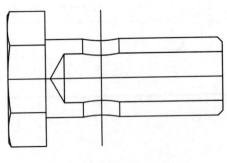

图 10-15

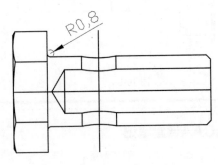

图 10-16

Step13 执行"图案填充"命令，选择图案 ANSI31，设置填充比例为 0.5，填充图形中需要表现的部分，最后调整中心线的所在图层和长度，完成空心螺栓剖面图的绘制，如图 10-17 所示。

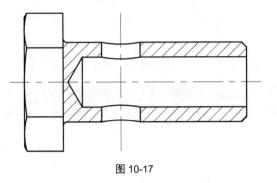

图 10-17

■ 10.1.3 添加标注

接下来需要为零件图添加尺寸标注等，具体操作步骤介绍如下。

Step01 执行"格式"|"文字样式"命令，打开"文字样式"对话框，如图 10-18 所示。

Step02 设置"SHX 字体"为 txt.shx，再选中"使用大字体"复选框，设置"大字体"为 gbcbig.shx，如图 10-19 所示。设置完毕后依次单击"应用""关闭"按钮，关闭对话框。

图 10-18

图 10-19

Step03 执行"格式"|"标注样式"命令，打开"标注样式管理器"对话框，如图 10-20 所示。

Step04 单击"新建"按钮，打开"创建新标注样式"对话框，设置"用于"为"半径标注"，如图 10-21 所示。

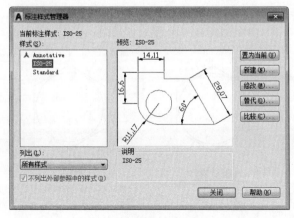

图 10-20

图 10-21

Step05 单击"继续"按钮,打开"新建标注样式"对话框,在"文字"选项卡中设置文字对齐方式为"水平",如图 10-22 所示。

Step06 按照同样的操作方法再新建"直径"标注样式,设置文字对齐方式为"水平",如图 10-23 所示。

图 10-22

图 10-23

Step07 返回"标注样式管理器"对话框,选择"ISO-25"标注样式,可以预览到各类尺寸标注的效果,如图 10-24 所示。

Step08 设置"尺寸线"图层为当前层,为零件图添加线性、半径、直径等尺寸标注,如图 10-25 所示。

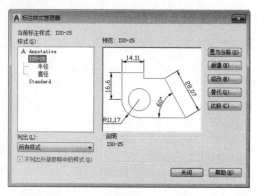

图 10-24

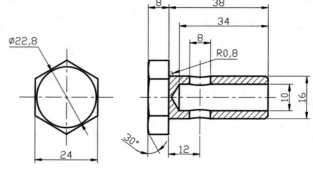

图 10-25

Step09 在命令行中输入命令 ed,选择平面图中长度为 24 的线性标注,修改标注内容,如图 10-26 所示。

Step10 选择 0/-0.2,单击鼠标右键,在弹出的快捷菜单中选择"堆叠"选项,即可将两个数据堆叠,在数据上单击会出现一个 ⚡ 符号,如图 10-27 所示。

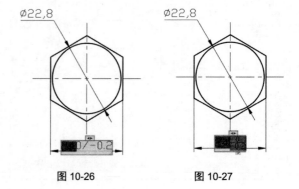

图 10-26   图 10-27

AutoCAD 2020 机械设计课堂实录

Step11 单击 ⚡符号，在弹出的菜单中选择"堆叠特性"选项，打开"堆叠特性"对话框，选择外观样式为"公差"，如图 10-28 所示。

Step12 单击"确定"按钮完成堆叠特性的设置，在空白处单击即可完成标注文字的修改，如图 10-29 所示。

Step13 按照此方法修改其他标注文字，如图 10-30 所示。

Step14 在命令行输入命令 ql，创建两条不带文字的引线，如图 10-31 所示。

图 10-28　　　　　　图 10-29

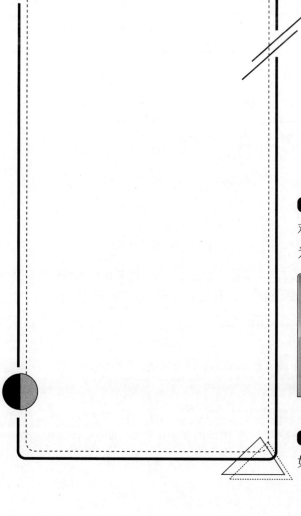

ACAA课堂笔记

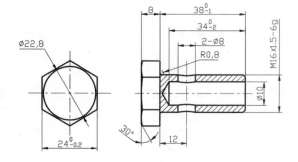

图 10-30

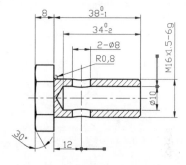

图 10-31

Step15 执行"公差"命令，打开"形位公差"对话框，选择"圆跳动"符号，输入"公差1"为 0.06，"公差2"为 A，如图 10-32 所示。

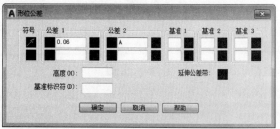

图 10-32

Step16 单击"确定"按钮，指定公差标注位置，如图 10-33 所示。

Step17 继续执行"公差"命令，打开"形位公差"对话框，选择"同心 / 同轴"符号，输入"公差 1"为 %%c0.1，"公差 2"为 A，如图 10-34 所示。

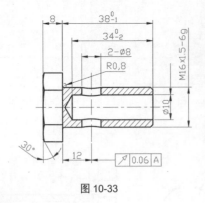

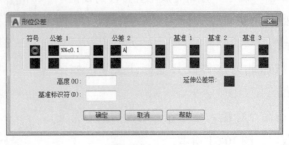

图 10-33   图 10-34

Step18 单击"确定"按钮，指定公差位置并将其旋转 90°，完成空心螺栓零件图的尺寸标注，如图 10-35 所示。

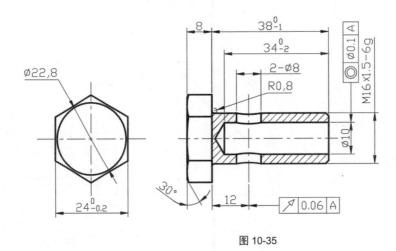

图 10-35

10.2 绘制壳体零件图

壳体零件是机械或部件的基础零件，承载着轴、轴承、箱体等有关零件，将其连接成部件或机器。因此，壳体零件的加工至关重要，影响着机器的装配精度、工作精度、使用性能和寿命。

■ 10.2.1 绘制壳体平面图

下面介绍壳体平面图的绘制方法，具体操作步骤介绍如下。

Step01 执行"格式"|"图层"命令，打开"图层特性管理器"对话框，创建"粗实线""细实线""中心线"等图层，并设置颜色、线型、线宽等特性，如图 10-36 所示。

Step02 设置"中心线"图层为当前层，执行"直线"命令，绘制两条长度均为 100mm 的居中垂直的直线，如图 10-37 所示。

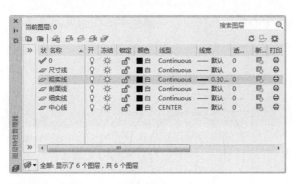

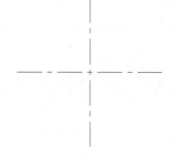

图 10-36   图 10-37

Step03 设置"粗实线"图层为当前层，执行"圆"命令，捕捉交点绘制直径分别为 49mm、74mm、88mm 的同心圆，如图 10-38 所示。

Step04 继续执行"圆"命令，捕捉交点绘制直径分别为 12mm、25mm 的同心圆，如图 10-39 所示。

Step05 执行"直线"命令，捕捉圆的象限点绘制上下两条直线，如图 10-40 所示。

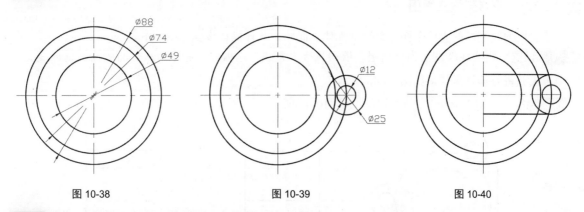

图 10-38   图 10-39   图 10-40

Step06 执行"修剪"命令，修剪图形，如图 10-41 所示。

Step07 执行"环形阵列"命令，选择绘制好的固定造型，以大圆圆心为阵列中心，设置项目数为 3，阵列复制图形，如图 10-42 所示。

Step08 执行"偏移"命令，将中心线进行偏移操作，如图 10-43 所示。

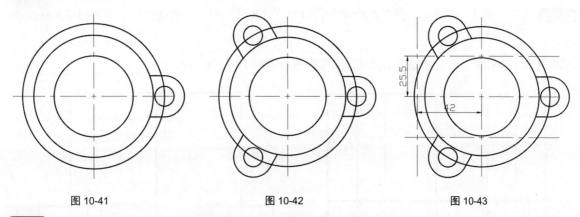

图 10-41   图 10-42   图 10-43

Step09 执行"修剪"命令，修剪偏移过的线条，如图 10-44 所示。

Step10 最后设置图形所在图层为"粗实线",再调整中心线所在图层,并调整中心线长度,完成壳体平面图的绘制,如图 10-45 所示。

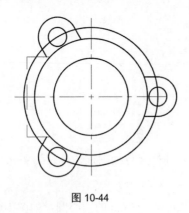 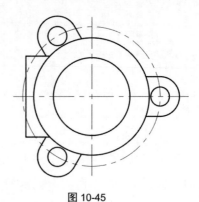

图 10-44   图 10-45

10.2.2 绘制壳体立面图

下面根据绘制好的壳体平面图来绘制壳体立面图,具体操作步骤介绍如下。

Step01 设置"粗实线"图层为当前层,依次执行"直线""偏移"命令,从平面图捕捉延伸线交点绘制直线并进行偏移操作,如图 10-46 所示。

Step02 执行"修剪"命令,修剪图形,如图 10-47 所示。

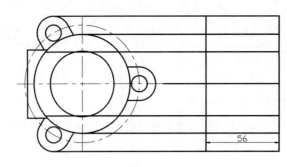 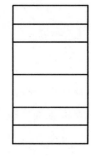

图 10-46   图 10-47

Step03 执行"旋转"命令,将图形旋转 90°,再执行"偏移"命令,将底部线条向上偏移 8mm,如图 10-48 所示。

Step04 执行"修剪"命令,修剪出壳体立面的轮廓,如图 10-49 所示。

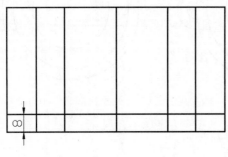 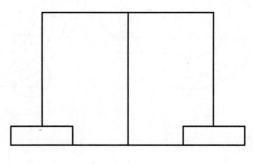

图 10-48   图 10-49

Step05 执行 "圆" 命令，捕捉直线中点分别绘制直径为 12mm、23mm、36mm、49mm 的多个同心圆，如图 10-50 所示。

Step06 继续执行 "圆" 命令，捕捉圆和直线的交点绘制直径为 5mm 的小圆，如图 10-51 所示。

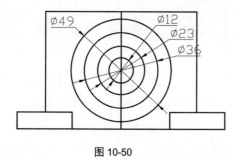

图 10-50

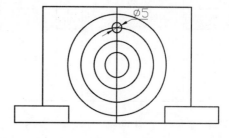

图 10-51

Step07 执行 "环形阵列" 命令，以圆心为阵列中心对小圆进行阵列复制，如图 10-52 所示。

Step08 最后调整中心线的所在图层，再执行 "旋转" 命令，对竖向中心线进行旋转复制操作，完成壳体立面图的绘制，如图 10-53 所示。

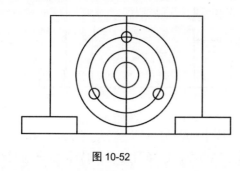

图 10-52

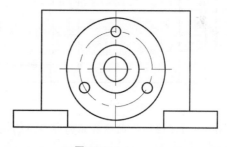

图 10-53

■ 10.2.3 绘制壳体剖面图

下面根据壳体平面图和立面图绘制剖面图，具体操作步骤介绍如下。

Step01 执行 "直线" 命令，捕捉平面图向上绘制直线，如图 10-54 所示。

Step02 继续执行 "直线" 命令，从立面图再捕捉绘制直线，如图 10-55 所示。

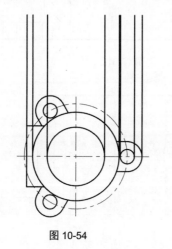

图 10-54

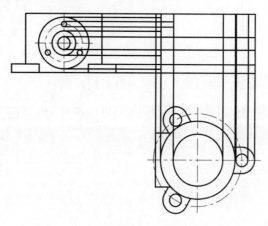

图 10-55

Step03 执行"修剪"命令，修剪出剖面图的轮廓，如图 10-56 所示。

Step04 执行"偏移"命令，将边线向内偏移 8mm，如图 10-57 所示。

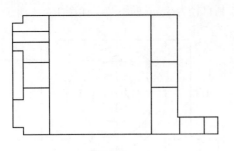

图 10-56

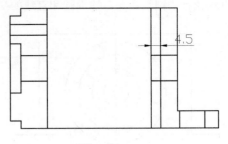

图 10-57

Step05 执行"修剪"命令，修剪出剖面中孔的深度，如图 10-58 所示。

Step06 执行"起点,端点,半径"命令，绘制两条半径为 18.5mm 的圆弧，如图 10-59 所示。

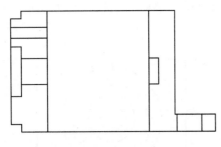

图 10-58

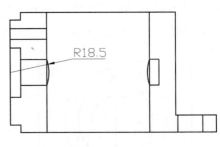

图 10-59

Step07 继续执行"修剪"命令，修剪掉多余的线段，如图 10-60 所示。

Step08 设置"剖面线"图层为当前层，执行"图案填充"命令，选择图案 ANSI31，填充剖面部分，如图 10-61 所示。

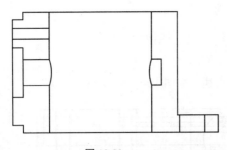

图 10-60

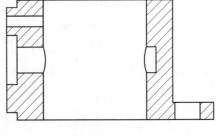

图 10-61

Step09 最后设置"中心线"图层为当前层，执行"直线"命令，绘制中心线并调整长度，完成剖面图的绘制，如图 10-62 所示。

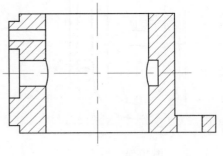

图 10-62

■ 10.2.4 添加标注

接下来需要为零件图添加尺寸标注，具体操作步骤介绍如下。

Step01 设置"尺寸线"图层为当前层，执行"线性"标注命令，为3个图形创建线性标注，如图 10-63 所示。

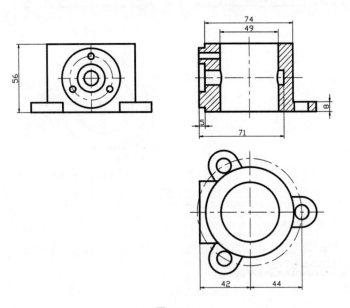

图 10-63

Step02 接着依次执行"直径"标注和"半径"标注命令，为图形创建直径标注和半径标注，如图 10-64 所示。

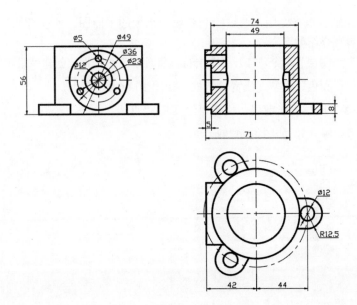

图 10-64

Step03 在命令行输入命令 ed，根据提示选择要修改的标注文字，修改标注内容，完成壳体零件图的绘制，如图 10-65 所示。

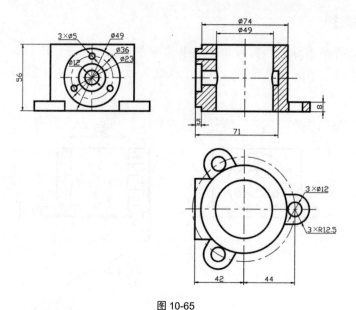

图 10-65

10.3 绘制带座轴承板零件图

带座轴承板是向心轴承与座组合在一起的一种组件，在与轴承轴心线平行的支撑表面上有个安装螺钉的底板。

■ 10.3.1 绘制带座轴承板平面图

下面将绘制带座轴承板平面图，通过绘制带座轴承板的平面图，使读者能够进一步学习机械零件图的绘制，操作步骤介绍如下。

Step01 执行"格式"|"图层"命令，打开"图层特性管理器"对话框，创建"粗实线""细实线""中心线"等图层，并设置颜色、线型、线宽等特性，如图 10-66 所示。

Step02 设置"中心线"图层为当前层，执行"绘图"|"直线"命令，绘制长为 130mm 和 200mm 的中心线，并设置线型比例 0.5，如图 10-67 所示。

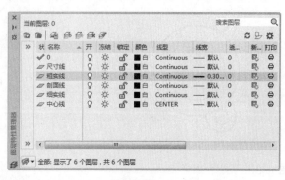

图 10-66

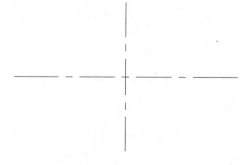

图 10-67

Step03 执行"偏移"命令，将竖向中心线向两侧各自偏移 65mm，如图 10-68 所示。

AutoCAD 2020 机械设计课堂实录

Step04 设置"粗实线"图层为当前层，执行"绘图"|"圆"命令，绘制直径分别为 40mm、48mm、56mm、58mm、110mm 的同心圆图形，如图 10-69 所示。

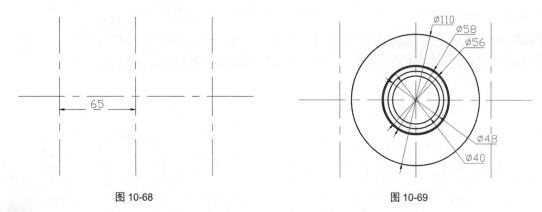

图 10-68   图 10-69

Step05 继续执行"圆"命令，捕捉交点绘制直径为 4mm 的圆，如图 10-70 所示。

Step06 执行"环形阵列"命令，以大圆圆心为阵列中心，设置项目数为 3，对直径为 4mm 的圆进行阵列复制，如图 10-71 所示。

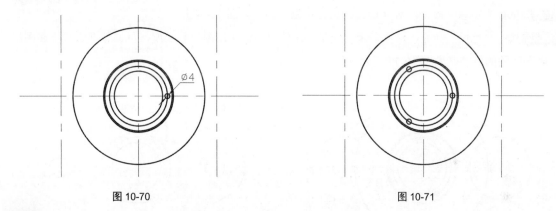

图 10-70   图 10-71

Step07 再次执行"圆"命令，捕捉右侧中心线交点绘制直径分别为 16mm 和 50mm 的同心圆，如图 10-72 所示。

Step08 执行"镜像"命令，将同心圆镜像复制到另一侧，如图 10-73 所示。

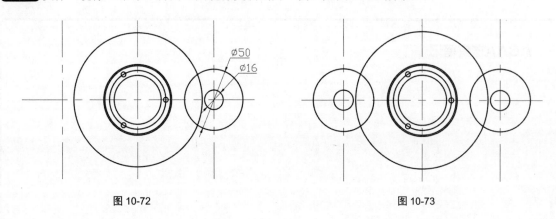

图 10-72   图 10-73

Step09 接下来要绘制圆的外切线，执行"直线"命令，将鼠标移动到一个圆上，按住 Shift 键并单击鼠标右键，从弹出的快捷菜单中选择"切点"选项，单击即可智能选择切点，随着光标的移动，切点也会变化，将光标移动到另一个圆上，即可确定第一个切点，如图 10-74 所示。

Step10 在圆上按住 Shift 键并单击鼠标右键，在弹出的快捷菜单中选择"切点"选项，在圆上任意一处单击即可完成直线的绘制，系统会自动确认切点位置，如图 10-75 所示。

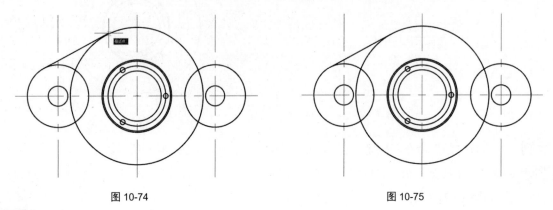

图 10-74   图 10-75

Step11 执行"镜像"命令，对外切直线进行镜像复制，如图 10-76 所示。

Step12 执行"修剪"命令，修剪多余的线条，调整中心线所在图层和长度，再调整细实线所在图层，完成平面图的绘制，如图 10-77 所示。

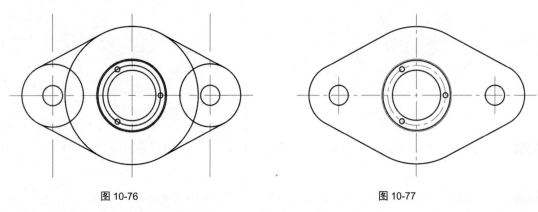

图 10-76   图 10-77

ACAA课堂笔记

■ 10.3.2 绘制带座轴承板剖面图

通过绘制轴承座的剖面图，使读者能够更加熟悉机械零件的内部构成。下面根据带座轴承板的平面图来绘制剖面图，操作步骤介绍如下。

Step01 设置"轮廓线"图层为当前图层，执行"绘图"|"直线"命令，绘制长为 90mm，宽为 18mm 的矩形图形，再执行"偏移"命令，将横向线段偏移 18mm，如图 10-78 所示。

Step02 执行"修剪"命令，修剪图形，如图 10-79 所示。

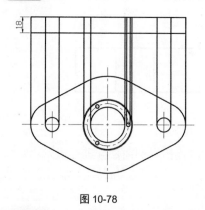

图 10-78

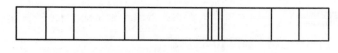

图 10-79

Step03 执行"偏移"命令，将底部边线向上偏移 13mm，如图 10-80 所示。

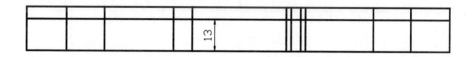

图 10-80

Step04 执行"修剪"命令，修剪多余线条，如图 10-81 所示。

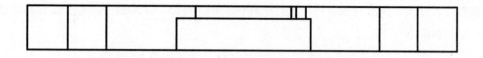

图 10-81

Step05 执行"偏移"命令，设置偏移尺寸为 1mm，对图形进行偏移操作，再执行"直线"命令，捕捉绘制两条斜线，如图 10-82 所示。

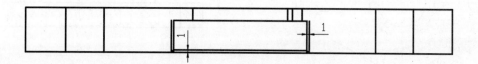

图 10-82

Step06 执行"修剪"命令，修剪并删除多余的线条，如图 10-83 所示。

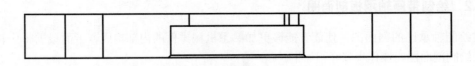

图 10-83

Step07 将"中心线"图层设置为当前图层,执行"直线"命令,绘制中心线并调整长度,如图 10-84 所示。

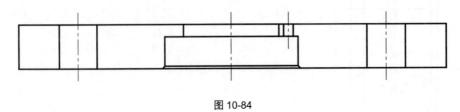

图 10-84

Step08 执行"图案填充"命令,选择图案 ANSI31,设置比例为 0.2,拾取剖面部分进行填充,完成剖面图的绘制,如图 10-85 所示。

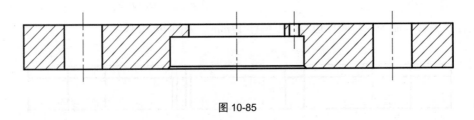

图 10-85

■ 10.3.3 添加标注

接下来需要为零件图添加尺寸标注,具体操作步骤介绍如下。

Step01 设置"尺寸线"图层为当前层,执行"直径"和"半径"标注命令,为平面图创建直径标注和半径标注,如图 10-86 所示。

Step02 执行"线性"标注命令,为剖面图创建线性标注,效果如图 10-87 所示。

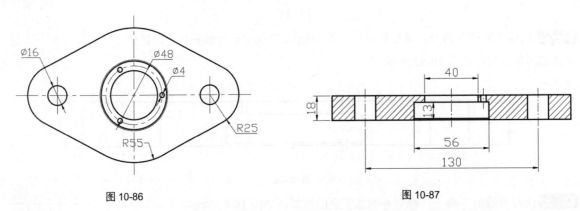

图 10-86

图 10-87

Step03 在命令行输入命令 ed,根据提示选择标注文字,修改标注内容,如图 10-88 所示。

AutoCAD 2020 机械设计课堂实录

Step04 再次执行该命令，选择 $\phi 56+0.046/-0$ 标注文字进入编辑状态，再选择 +0.046/-0，单击鼠标右键，在弹出的快捷菜单中选择"堆叠"选项，文字即会变成堆叠状态，如图 10-89 所示。

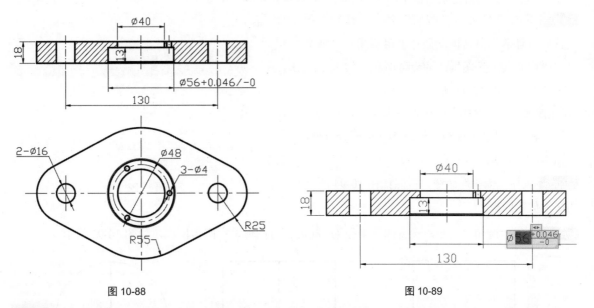

图 10-88   图 10-89

Step05 单击堆叠文字，再单击出现的 ⚡ 符号，在打开的菜单中选择"堆叠特性"选项，打开"堆叠特性"对话框，设置外观样式为"公差"，效果如图 10-90 所示。

Step06 单击"确定"按钮关闭对话框，在空白处单击，即可完成极限公差的设置，至此完成带座轴承板零件图的绘制，如图 10-91 所示。

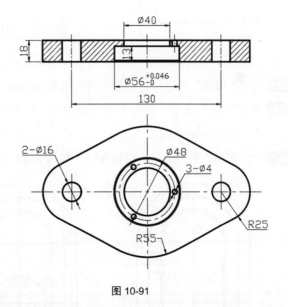

图 10-90   图 10-91

10.4 绘制齿轮泵后盖零件图

齿轮泵后盖就是典型的盘盖类零件，与前盖一样起着稳定主动齿和从动齿之间间隙的作用。

■ 10.4.1　绘制齿轮泵后盖平面图

本小节将介绍齿轮泵后盖平面图的绘制，具体操作步骤介绍如下。

Step01 执行"格式"|"图层"命令，打开"图层特性管理器"对话框，创建"粗实线""细实线""中心线"等图层，并设置颜色、线型、线宽等特性，如图 10-92 所示。

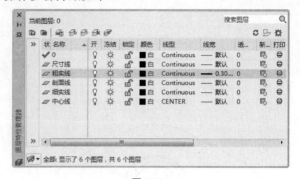

图 10-92

Step02 设置"中心线"图层为当前层，执行"直线"命令，绘制尺寸为 84.8mm×56mm 的长方形，如图 10-93 所示。

Step03 执行"偏移"命令，按照如图 10-94 所示的尺寸偏移图形。

Step04 执行"圆角"命令，设置圆角半径为 28mm，对图形进行圆角操作，如图 10-95 所示。

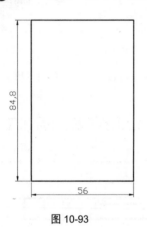
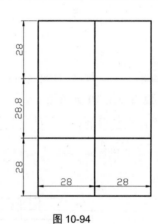
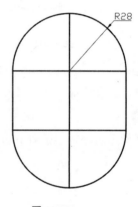

图 10-93　　　　　　　　　图 10-94　　　　　　　　　图 10-95

Step05 执行"偏移"命令，将图形向内依次偏移 6mm、6mm、1mm，如图 10-96 所示。

Step06 执行"圆"命令，捕捉下方圆弧的圆心绘制 4 个直径分别为 16mm、20mm、25mm、27mm 的同心圆，如图 10-97 所示。

Step07 继续执行"圆"命令，绘制直径分别为 7mm 和 9mm 的同心圆，如图 10-98 所示。

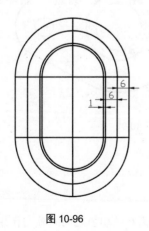
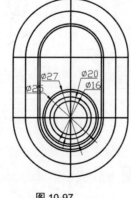
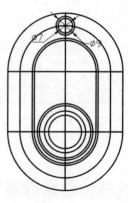

图 10-96　　　　　　　　　图 10-97　　　　　　　　　图 10-98

Step08 执行"复制"命令，选择同心圆并进行复制操作，如图10-99所示。

Step09 调整中心线到"中心线"图层，并调整其长度，如图10-100所示。

Step10 执行"旋转"命令，将中心线旋转并复制45°，如图10-101所示。

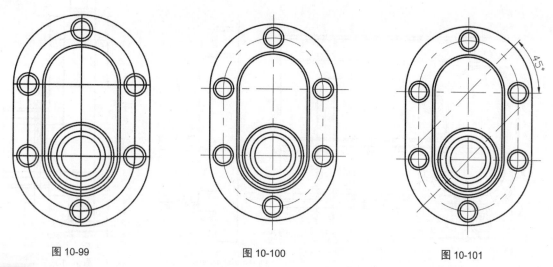

图 10-99   图 10-100   图 10-101

Step11 执行"修剪"命令，修剪多余的中心线图形，如图10-102所示。

Step12 执行"圆"命令，捕捉中心线角点绘制两个直径为5mm的圆，如图10-103所示。

Step13 最后调整细实线到相应的图层，完成齿轮泵后盖平面图的绘制，如图10-104所示。

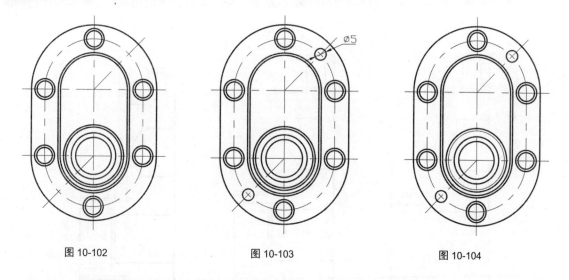

图 10-102   图 10-103   图 10-104

■ 10.4.2　绘制齿轮泵后盖剖面图

下面根据平面图绘制齿轮泵后盖剖面图，具体操作步骤介绍如下。

Step01 执行"直线"命令，捕捉平面图绘制直线，再执行"偏移"命令，进行偏移操作，偏移尺寸如图10-105所示。

Step02 执行"修剪"命令，修剪多余的线条，如图10-106所示。

Step03 执行"偏移"命令，偏移图形中的线条，如图 10-107 所示。

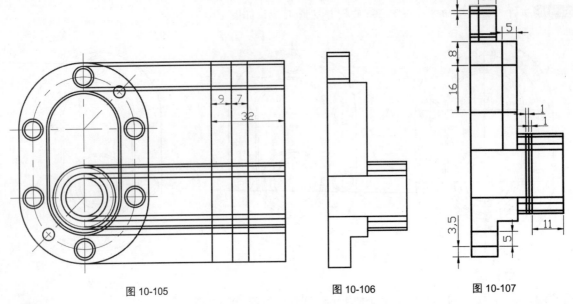

图 10-105　　　　　　　　　图 10-106　　　　　　　　　图 10-107

Step04 再执行"修剪"命令，修剪并删除多余的线条，如图 10-108 所示。

Step05 依次执行"偏移""直线"命令，偏移线条后再捕捉中点绘制斜线，如图 10-109 所示。

Step06 执行"圆角"命令，分别设置圆角半径为 2mm 和 1.5mm，对图形的边角进行圆角操作，如图 10-110 所示。

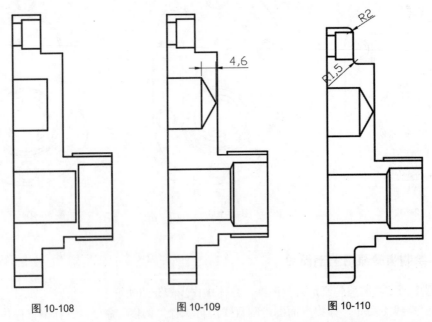

图 10-108　　　　　　　　　图 10-109　　　　　　　　　图 10-110

Step07 执行"倒角"命令，设置倒角距离都为 1mm，继续对边角进行倒角操作，如图 10-111 所示。

Step08 设置"中心线"图层为当前层，执行"直线"命令，绘制中心线并调整长度，如图 10-112 所示。

AutoCAD 2020 机械设计课堂实录

Step09 最后执行"图案填充"命令,选择图案ANSI31,设置比例为0.5,填充剖面部分,如图10-113所示。

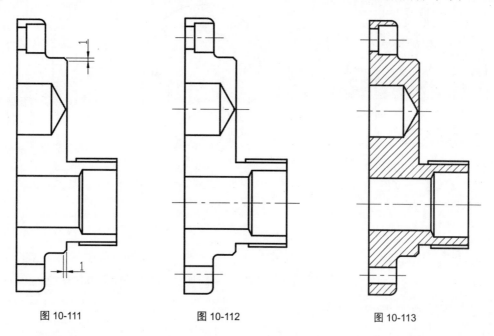

图 10-111   图 10-112   图 10-113

■ 10.4.3   添加标注

下面为绘制好的零件图添加尺寸标注等,绘制出完整的图形。具体操作步骤介绍如下。

Step01 执行"线性"标注命令,为零件图创建线性标注,如图10-114所示。

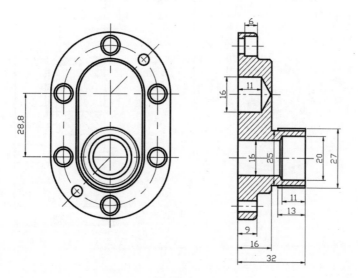

图 10-114

Step02 再依次执行"半径"和"直径"标注命令,对平面图形进行半径标注和直径标注,如图10-115所示。

Step03 在命令行输入命令 ed,根据提示选择标注,修改标注文本内容,如图10-116所示。

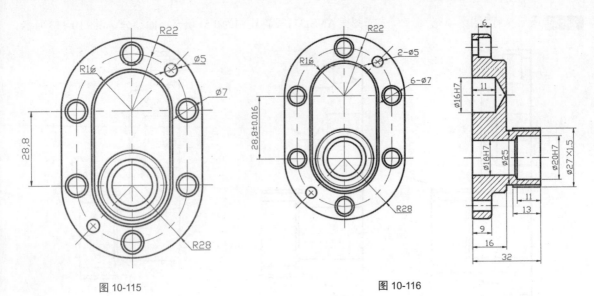

图 10-115

图 10-116

Step04 最后执行"多行文字"命令，设置字体为仿宋，字高为2，创建多行文字并移动到相应的位置，完成图形的标注操作，如图 10-117 所示。

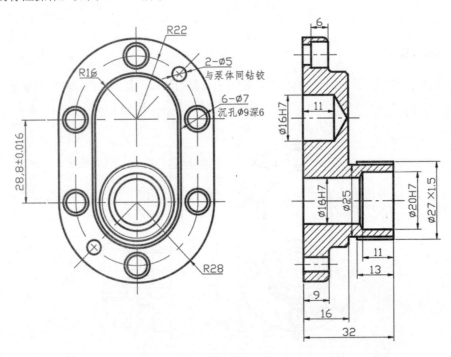

图 10-117

AutoCAD 2020 机械设计课堂实录

220

第 ⟨11⟩ 章

创建常见机械模型

内容导读

本章将以第 10 章中绘制的机械零件图为基础，结合本书所学的三维建模知识，创建常见的几种机械模型。通过本章的操作，读者可以进一步掌握建立三维计算机模型的方法和技巧。

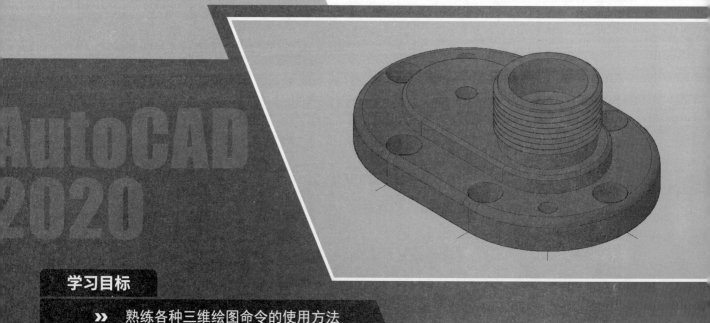

学习目标

》 熟练各种三维绘图命令的使用方法

》 熟练各种三维编辑命令的使用方法

11.1 创建空心螺栓模型

下面根据绘制好的空心螺栓零件图来创建空心螺栓模型，具体操作步骤介绍如下。

Step01 切换到"三维建模"工作空间，复制空心螺栓平面图，如图11-1所示。

Step02 切换到西南等轴测视图，按F8键开启正交模式，执行"移动"命令，选择正六边形沿z轴向下移动0.5mm的距离，再执行"复制"命令，将正六边形向下复制7.5mm，如图11-2所示。

Step03 执行"放样"命令，根据提示选择圆形，再选择第一个六边形，按Enter键确认制作出螺栓顶部造型，切换到概念视图，效果如图11-3所示。

Step04 执行"拉伸"命令，选择底部的正六边形向上拉伸7.5mm，再执行"并集"命令，将两个模型合并为一个整体，制作出螺栓头部造型，如图11-4所示。

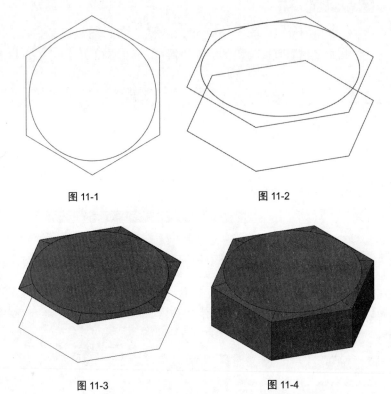

图 11-1　　　　　　　　　　　图 11-2

图 11-3　　　　　　　　　　　图 11-4

Step05 执行"圆锥体"命令，创建底面半径为5mm，高度为3mm的圆锥体，如图11-5所示。

Step06 接着执行"按住并拖动"命令，选择圆锥体底面向下拉伸34mm的高度，如图11-6所示。

Step07 执行"圆柱体"命令，创建底面半径为8mm，高度为38mm的圆柱体，再捕捉底部圆心与圆锥体对齐，切换到二维线框模式，如图11-7所示。

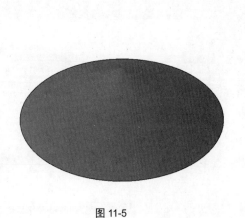

图 11-5

图 11-6

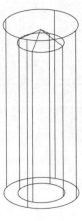

图 11-7

Step08 执行"差集"命令，将圆锥体从圆柱体中减去，切换到概念视图，如图 11-8 所示。

Step09 捕捉圆心对齐模型，再执行"并集"命令，将模型合并为一个整体，如图 11-9 所示。

Step10 在命令行中输入 ucs，按 Enter 键确认后指定新的坐标，如图 11-10 所示。

图 11-8   图 11-9   图 11-10

Step11 执行"圆柱体"命令，捕捉边线中点创建半径为 4mm，高度为 24mm 的圆柱体，如图 11-11 所示。

Step12 将圆柱体向下移动 12mm，如图 11-12 所示。

Step13 执行"差集"命令，将圆柱体从模型中减去，如图 11-13 所示。

图 11-11   图 11-12   图 11-13

Step14 执行"倒角边"命令，设置倒角距离为 1mm，对模型底部的边线进行倒角操作，如图 11-14 所示。

Step15 执行"圆角边"命令，设置圆角半径为 0.8mm，对螺栓头和柱结合部的边线进行圆角操作，至此完成空心螺栓模型的创建，如图 11-15 所示。

图 11-14   图 11-15

11.2 创建壳体模型

下面根据壳体零件图创建壳体模型，具体操作步骤介绍如下。

Step01 从壳体平面图中复制圆形，如图 11-16 所示。

Step02 切换到西南等轴测视图，执行"拉伸"命令，将内侧两个圆分别向上拉伸 56mm 制作出两个圆柱体，再切换到概念视图，效果如图 11-17 所示。

Step03 执行"差集"命令，将小圆柱体从外侧圆柱体中减去，制作出管状体，如图 11-18 所示。

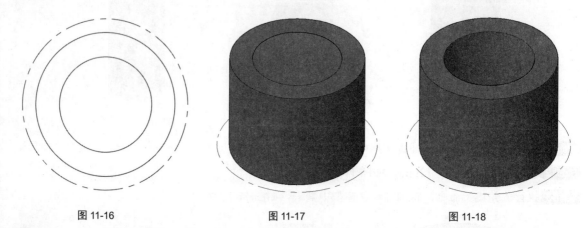

图 11-16　　　　　　　　图 11-17　　　　　　　　图 11-18

Step04 执行"矩形"命令，绘制尺寸为 25mm×25mm 的矩形，再执行"圆"命令，捕捉几何中心绘制直径为 12mm 的圆，如图 11-19 所示。

Step05 执行"移动"命令，选择矩形和圆心，捕捉圆心对齐到大圆的象限点，如图 11-20 所示。

Step06 执行"圆角"命令，设置圆角半径为 11.5mm，对矩形的两个角进行圆角操作，如图 11-21 所示。

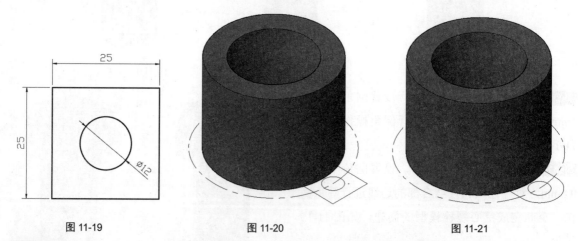

图 11-19　　　　　　　　图 11-20　　　　　　　　图 11-21

Step07 执行"拉伸"命令，将圆和圆角矩形向上拉伸 8mm 的高度，如图 11-22 所示。

Step08 执行"差集"命令，将拉伸的圆柱体从外侧模型中减去，如图 11-23 所示。

Step09 执行"三维镜像"命令，以上下圆心为镜像线对壳体底座处进行环形阵列，如图 11-24 所示。

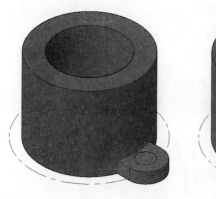

图 11-22

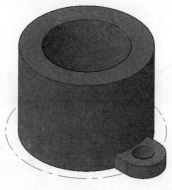

图 11-23

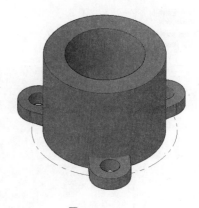

图 11-24

Step10 复制壳体立面图中的部分图形，如图 11-25 所示。

Step11 执行"拉伸"命令，将最外侧的圆和 3 个小圆都向下拉伸 17.5mm，再将直径为 23mm 的圆拉伸 5mm，最内侧的圆拉伸 71mm，如图 11-26 所示。

Step12 执行"差集"命令，将 3 个小圆柱体和直径为 23mm 的圆柱体从模型中减去，如图 11-27 所示。

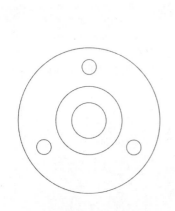

图 11-25

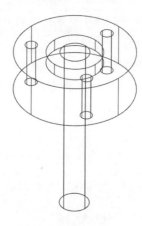

图 11-26

图 11-27

Step13 执行"三维旋转"命令，旋转模型并对齐，概念模式效果和俯视图效果如图 11-28 和图 11-29 所示。

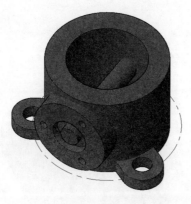

图 11-28

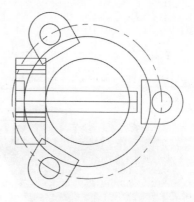

图 11-29

Step14 执行"并集"命令，将除了长度为71mm的圆柱体之外的模型合并为一个整体，如图11-30所示。

Step15 再执行"差集"命令，将圆柱体从模型中减去，完成壳体模型的创建，如图11-31所示。

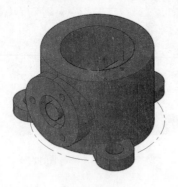

图 11-30

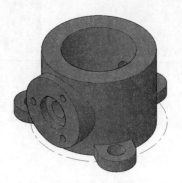

图 11-31

11.3 创建带座轴承板模型

下面根据零件图创建带座轴承板模型，操作步骤介绍如下。

Step01 复制带座轴承板平面图，删除标注及中线等，执行"修改"|"对象"|"多段线"命令，将轮廓线合并为完整的多段线，如图11-32所示。

Step02 切换到西南等轴测视图，执行"拉伸"命令，选择除内部大圆之外的轮廓线并向下拉伸18mm，如图11-33所示。

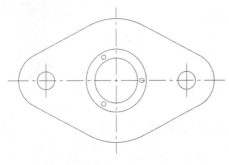

图 11-32

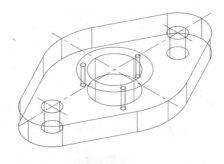

图 11-33

Step03 执行"差集"命令，将多个圆柱体从主体模型中减去，如图11-34所示。

Step04 再次执行"拉伸"命令，将剩余的圆向下拉伸13mm，如图11-35所示。

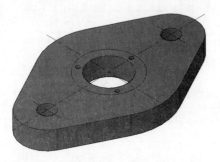

图 11-34

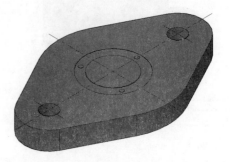

图 11-35

Step05 执行"差集"命令，将圆柱体从模型中减去，如图 11-36 所示。

Step06 执行"倒角边"命令，设置倒角距离都为 1mm，对模型的边线进行倒角处理，至此完成带座轴承板模型的制作，如图 11-37 所示。

图 11-36

图 11-37

 创建齿轮泵后盖模型

下面根据齿轮泵后盖零件图创建模型，具体操作步骤介绍如下。

Step01 复制齿轮泵后盖平面图，删除多余的标注等图形，执行"修改"|"对象"|"多段线"命令，将轮廓线合并为完整的多段线，如图 11-38 所示。

Step02 切换到西南等轴测视图，执行"拉伸"命令，将轮廓线以及半径为 5mm 和 7mm 的圆拉伸 9mm 的高度，如图 11-39 所示。

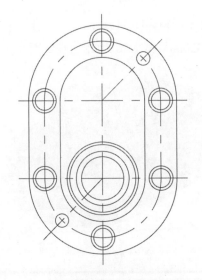

图 11-38

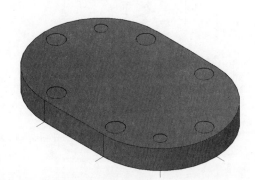

图 11-39

Step03 执行"差集"命令，将圆柱体从模型中减去，如图 11-40 所示。

Step04 切换到二维线框模式，执行"拉伸"命令，将直径为 9mm 的所有圆向上拉伸 6mm，再将模型沿 z 轴向上移动 3mm，使其与模型顶部齐平，如图 11-41 所示。

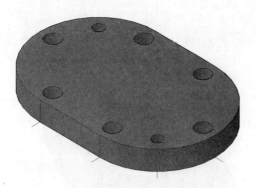

图 11-40

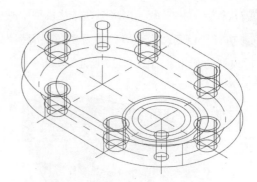

图 11-41

Step05 执行"差集"命令，将圆柱体从模型中减去，如图 11-42 所示。

Step06 将内部的轮廓沿 z 轴向上移动 9mm 到模型表面，如图 11-43 所示。

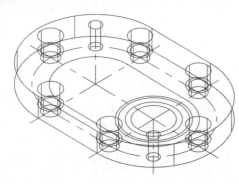

图 11-42

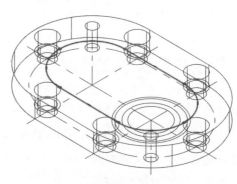

图 11-43

Step07 执行"拉伸"命令，将轮廓线向上拉伸 7mm，概念效果如图 11-44 所示。

Step08 执行"拉伸"命令，将同心圆中第二层圆向上拉伸 32mm，概念效果如图 11-45 所示。

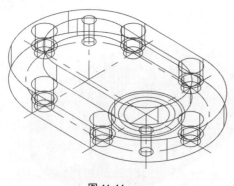

图 11-44

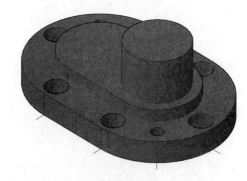

图 11-45

⚠️ **ACAA课堂笔记**

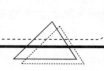

AutoCAD 2020 机械设计课堂实录

Step09 执行"并集"命令，将创建好的模型合并为一个整体，如图 11-46 所示。

Step10 再次执行"拉伸"命令，将底面内部的圆向上拉伸 32mm，如图 11-47 所示。

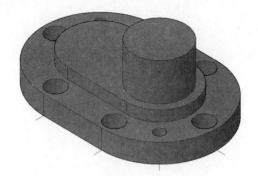

图 11-46

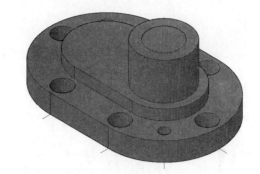

图 11-47

Step11 执行"差集"命令，将刚创建的圆柱体从模型中减去，如图 11-48 所示。

Step12 将底部剩余的两个圆都沿 z 轴向上移动 32mm，如图 11-49 所示。

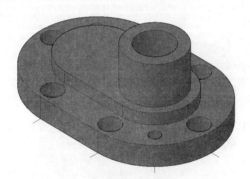

图 11-48

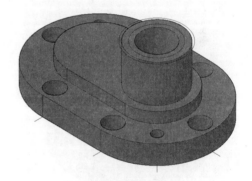

图 11-49

Step13 执行"拉伸"命令，将上方内部的圆向下拉伸 11mm，如图 11-50 所示。

Step14 执行"差集"命令，将圆柱体从模型中减去，如图 11-51 所示。

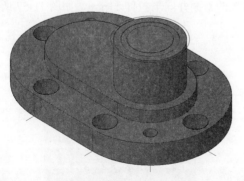

图 11-50

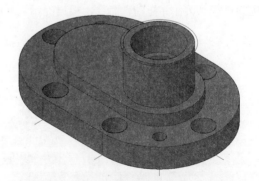

图 11-51

Step15 切换到当前视图，执行"直线"命令，绘制相互交叉长度分别为 2mm 和 1.5mm 的直线，再执行"多段线"命令，捕捉绘制一个封闭的四边形，如图 11-52 所示。

Step16 执行"螺旋线"命令，绘制顶面半径和底面半径都为 11.5mm，高度为 13mm，圈数为 8 的螺旋线，再捕捉四边形中心点对齐到螺旋线的顶点，如图 11-53 所示。

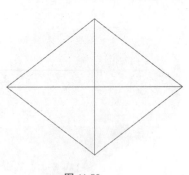

图 11-52

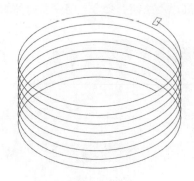

图 11-53

Step17 执行"拉伸"命令，根据提示选择四边形，按 Enter 键确认后在命令行输入命令 p，再按 Enter 键确认，再选择螺旋线，即可创建一个螺旋形状的模型，如图 11-54 所示。

Step18 调整螺旋模型位置，使其与主体模型对齐，再执行"并集"命令，将模型合并为一个整体，如图 11-55 所示。

图 11-54

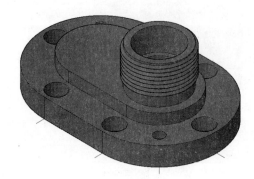

图 11-55

Step19 执行"圆锥体"命令，创建一个底面半径为 8mm，高度为 4.6mm 的圆锥体，如图 11-56 所示。

Step20 执行"按住并拖动"命令，根据提示选择圆锥体的底面并向下拉伸 11mm，如图 11-57 所示。

图 11-56

图 11-57

Step21 移动圆锥模型位置，使其与主体模型底部对齐，如图 11-58 所示。

Step22 执行"差集"命令，将圆锥体从主体模型中减去，如图 11-59 所示。

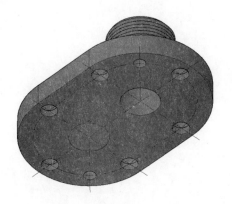

图 11-58

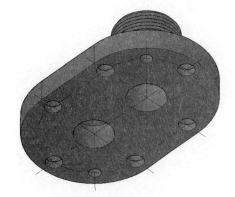

图 11-59

Step23 执行"圆角边"命令，设置圆角半径为 2mm，对模型的边线进行圆角处理，如图 11-60 所示。

Step24 接着执行"倒角边"命令，设置倒角距离皆为 1mm，继续对模型边线进行倒角处理，如图 11-61 所示。

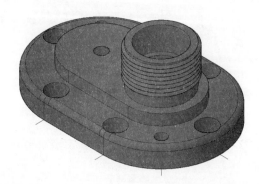

图 11-60

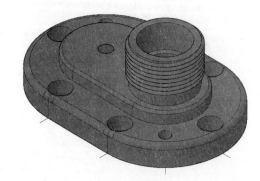

图 11-61

Step25 继续执行"倒角边"命令，设置"距离 1"为 1mm，"距离 2"为 2mm，对凹槽内部的边进行倒角处理，至此完成齿轮泵后盖模型的创建，如图 11-62 所示。

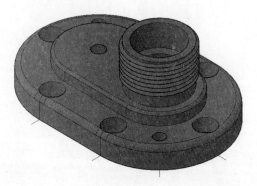

图 11-62